C-X《シークロス》物語——新しいまちづくりの試み

孝能・長瀬光市著

有隣堂発行　有隣新書——74

東西デッキ　青と白で「湘南」をイメージ

はじめに

電車がJR東海道本線辻堂駅に入ると、駅の北側に真新しい街並みが眼に入ってくる。「湘南C-X（シークロス）」と呼ばれる新しいまちづくりが行われているのである。多様な機能が展開する約三〇haの広さの街が姿を現している。この広さは、藤沢市内でいえば約三八haの江の島を一回り小さくした規模であり、また、東京・横浜や大阪などの巨大都市を除けば駅周辺地区の再開発としては、川崎の武蔵小杉地区（約三七ha）に次ぐ国内有数の規模を持つ都市再生事業であった。

辻堂駅周辺地区は藤沢市都市マスタープランにおいて藤沢駅都心部、湘南台駅周辺地区、慶應義塾大学のある健康と文化の森地区、片瀬・江ノ島地区と並ぶ五つの都市拠点（藤沢市の都市経営上重要な地域の中心市街地）の一つに位置付けられてきたが、駅前に大規模工場があるため、道路や駅前広場・公園などの都市基盤整備が跛行的でまちづくりが進んでいなかった。ところが、二〇〇二年十一月に関東特殊製鋼が工場全面撤退を表明したことから、辻堂駅前地区の整備を一気に進める千載一遇の機会が到来したのである。

しかし、所有する土地をできるだけ早く高価に売却したい地権者企業や、再開発に参入して早期の資金回収が確実なマンション開発を目論む民間開発事業者の論理だけに従った開発では、藤沢市の都市拠点を形成することは難しいと判断したことからこのプロジェクトは生まれた。藤沢市はまず市全体の将来像とも言うべき都市再生ビジョンを描き、市が中心となって地権者企業、市民、専門家、進出企業、関係行政機関等の協働のもと、都市再生ビジョンを肉付けする辻堂駅周辺地区の都市再生事業を組み立て、土地利用・施設機能・都市空間・景観等を協議する仕組みをつくって街を再整備してきたのである。

筆者達は、二〇〇二年から都市再生事業が一段落する二〇一一年までの約九年間、湘南C-Xのまちづくりに関わってきた。

一人は藤沢市の職員、担当実務者のトップとして、行政プランナーの立場で参画した。それは、藤沢市の行政課題の解決と都市経営の視点から地域拠点としての湘南C-Xのまちづくりをどう方向付け、どのような仕組みで事業を動かしていくか、藤沢市の内部あるいは関係機関、地権者、地域住民、事業者等さまざまな利害関係者との戦略目標や将来ビジョンの共有と事業の調整を図ってきた。

もう一人は、民間プランナー・都市デザイナーとして最初に藤沢市から相談を持ちかけられ、九年間さまざまな専門家、行政職員、市民有志等とスクラムを組みながら、地域価値を高めるために、戦略目標を立て計画コンセプトを練り、街のユーザーである地元市民をコーディネートして街の将来ビジョンを描き、まちづくり事業を目標に向かって進めるためのプランを調整し、土地利用や景観を誘導する仕組みやルールを考案し、具体的な個々の事業の調整を行ってきた。

二〇一一年十一月の「テラスモール湘南」の開業で約九年間に及んだハードとしての「街」づくり・都市再生事業は一段落した訳であるが、地域を持続的に運営管理し、まちの活力と魅力を維持向上させていくというソフトの「まち」づくりはまだ緒に就いたばかりといえよう。今後はその終わりのない活動、まちの持続性ある発展を関係者の協働のもとに進めていかねばならない。

本書は、どのように湘南C-Xのビジョン・計画をつくり、事業の仕組みを組み立て、さまざまな協議・調整を行って、目標のまちに近づけていったか、取組みを振り返り、そしてそれらを市民、進出事業者、私達プランナーがどう評価し、何が残された課題か、を明らかにして、湘南C-Xの持続的発展の一助になれば、との思いから執筆した。読者のまちづくりへの関心を深めるきっかけになれば幸いである。

（菅　孝能）

《目次》

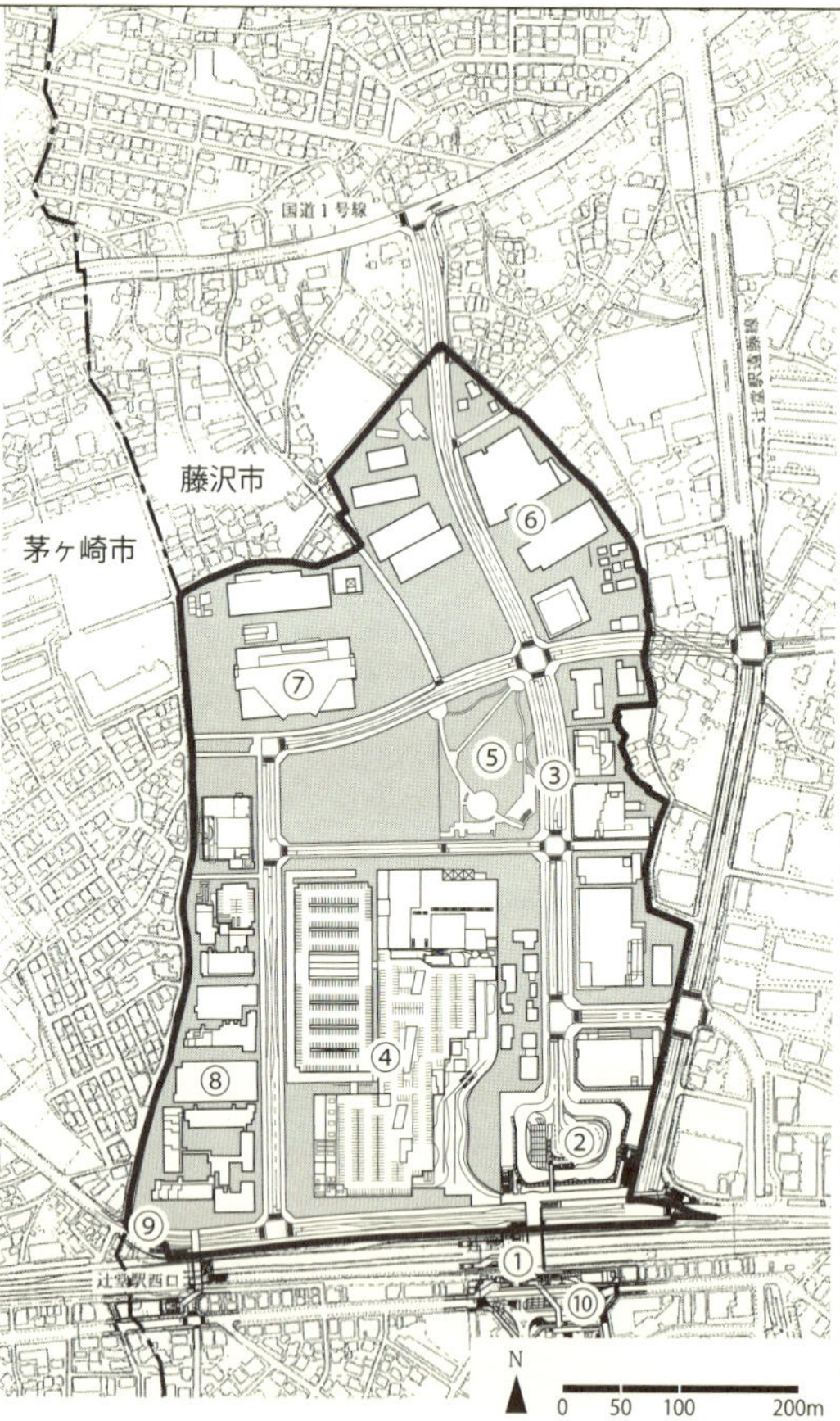

①JR辻堂駅　②北口交通広場　③辻堂駅北口大通り線　④テラスモール湘南　⑤神台公園　⑥産業関連機能ゾーン　⑦湘南藤沢徳洲会病院　⑧集合住宅ゾーン　⑨西口広場　⑩南口交通広場

図1　湘南C–X全体図

序章
湘南C-Xとは

北口交通広場の上の東西デッキ　下は２層の駐輪場

1　全体構成とまちづくりのコンセプト

湘南C－Xは、藤沢市の五つの都市拠点の一つとして「湘南の豊かな自然と生活文化に新成長産業が融合して育まれる高度な広域連携拠点」を形成することを目標にまちづくりが進められてきた。地区の将来像として、

①藤沢市の都市拠点であるだけに留まらず、周辺市町からも人が集まり、多様な活動が展開する街

②湘南一帯の住民の生活と密接に結びついた新しい生活提案型産業や、市内の大学や工場等と連携した研究開発機能の立地など、地域経済の発展に寄与する街

③湘南の温暖な風土に合った緑豊かな空間の中でゆったりとした時間が過ごせる街

が掲げられ、その具体化に向けて三つのまちづくりのコンセプトが示されている。

まず、第一に産業・文化・生活サービスなど多様な機能・施設が集積する街を創ること、そのために湘南一帯を視野に入れた国・県・市や民間の公共公益サービス機能、駅や駅前広場などの交通結節機能、次世代型産業を先導するビジネス開発・支援機能を充実すること、第二に地域・企業・市民それぞれが創造的な地域文化を発信していくために、多様な機能の集積と快

適な都市環境の整備を行い、地区の価値を高めること、第三にオープンスペースや緑など自然と都市環境の調和した快適なエコシティを目指して、市民・企業・行政が一体となった持続的な都市運営を実現すること、の三つである。

約三〇haの土地を「交流と賑わいを形成する複合都市機能ゾーン」「地域のさまざまな公共サービス機能を立地させる広域連携機能ゾーン」「次世代都市型の産業関連機能ゾーン」「高齢化社会を支える医療・健康増進機能ゾーン」「地域の交通ネットワークのハブとなる交通結節機能ゾーン」「機能の更新と鉄道南北の連携を目指す既成市街地活性化ゾーン」の六つのエリアに分け、土地利用の転換・誘導や機能更新を図って、居住人口二三〇〇人、就業人口一万人の街を計画している。

2　湘南C−Xを歩く

辻堂駅を降りて（交通結節機能ゾーン）

それでは、早速電車を降りて湘南C−Xの街を探訪してみよう。

辻堂駅のプラットホームは広い。ホームを北側に拡幅したため、上屋《うわや》を支える柱が南側に寄って立っているので、駅の北側に位置する湘南C−Xの街がホームから何一つ遮られること

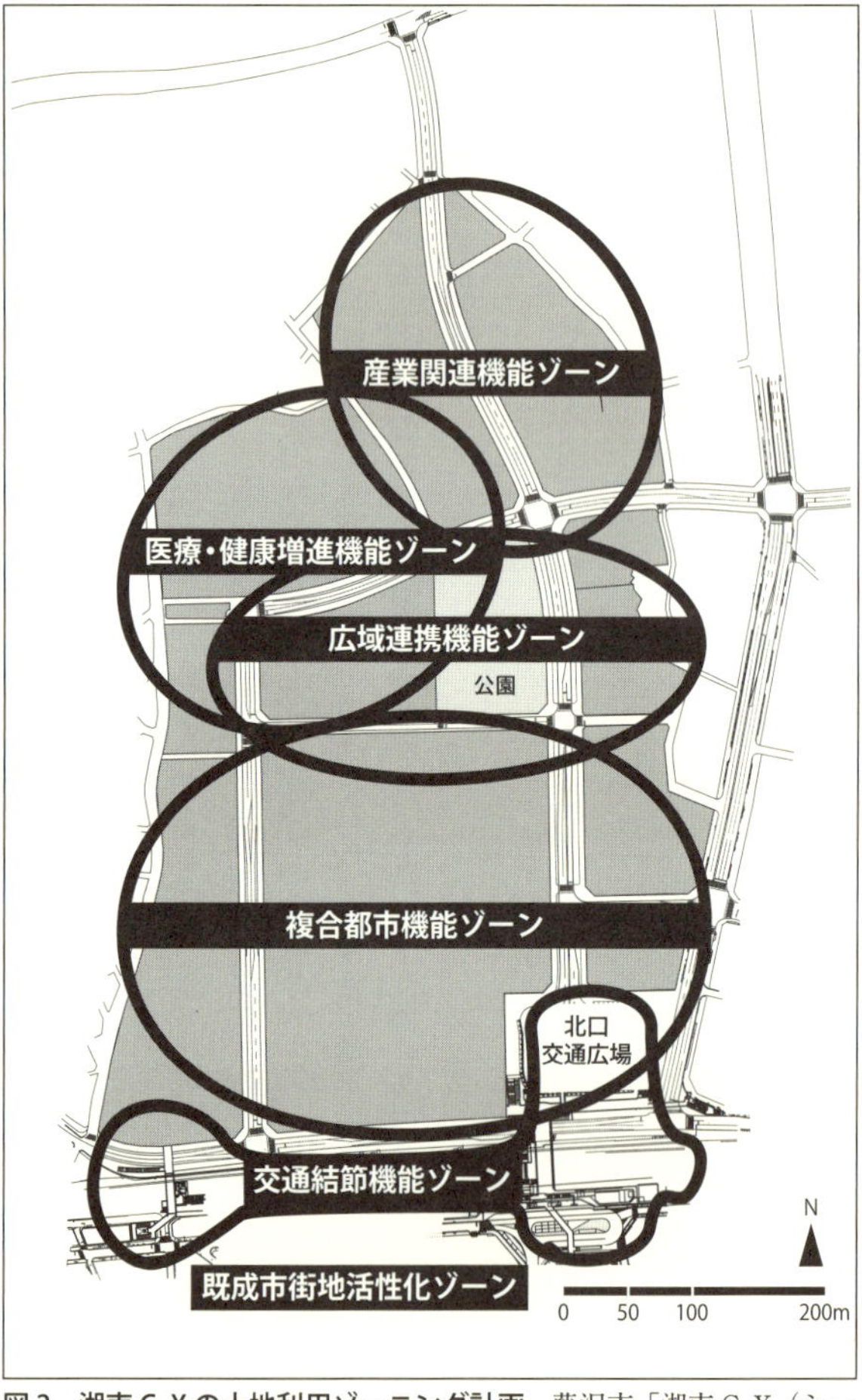

図2　湘南 C–X の土地利用ゾーニング計画　藤沢市「湘南 C–X（シークロス）都市再生プロジェクト　戦略的まちづくりと創造的デザイン」（2009 年。以下“藤沢市「湘南 C–X」”と略す）より作成

なくワイドスクリーンのように広がって見える。ホームの間近に見える北口交通広場に立つデッキの下が駐輪場になっていて、青のストライプのガラス壁面越しに自転車がうっすら見える。この間、ホームに止まった電車の中で大学生がおしゃれな駐輪場ができたなあと話していた。設計した私もそんな感想を持ってもらってうれしい。デッキの左側には大規模なショッピングモール・テラスモール湘南が建つ。無彩色の押さえた配色の壁面に設けられたテラスや開口部から色とりどりの室内や来客の姿が見え、ショッピングモールの賑わいが伝わってくる。

辻堂駅の乗降客数は関東特殊製鋼が撤退を表明した二〇〇二年では一日平均約九万人であったが、湘南C-Xの新しい土地利用が本格化した二〇一二年には約一一万人と急増している。ホームを拡幅して将来の乗降客の増加にも備えたことが早速役に立ったという訳だ。

エスカレーターを上って改札口に向かう。コンコースの自由通路も幅が一二mと広くなって駅の南北を一直線に結んでいる。自由通路の屋根も高くなり改札口の正面は線路を見下ろす大きなガラス壁面になって大変明るい。改札口から右に向かえば南口の駅前広場から街へ繋ぐデッキが延びている。改札口から左に出て北口の駅前広場の間口一杯東西に延びるデッキに向かえばそこはもう湘南C-Xだ。デッキからは、正面の北口交通広場から北に延びる大通りに沿った湘南C-Xの街並が一望できる。

北口交通広場（交通結節機能ゾーン）

東西デッキの屋根は、アーチが連続する円筒を半分に割ったようなヴォールトという形状になっていて格子に組んだ鉄骨が支えている。柱は梁がそのまま床まで降りて隣の梁とV字にセットになったユニークな構造である（13頁写真参照）。デッキから地上に下りる階段・エスカレーターは三か所にあるがそれぞれの方向のデッキの屋根のトップライトの色が階段の天井の色と同じ緑・赤・青になっており、陽が射すとデッキの床や歩く人々をその色に染めて、矢印ではなく色で無意識のうちに人々を誘導している。

デッキから地上に降りてみよう。駐輪場も広場から見ると白い水平の棒状の素材（ルーバーという）で覆われていて、デッキ全体の意匠の統一が図られている。夜間は、ルーバーを通して光が漏れてデッキ全体が大きな行灯のような広場の照明の役割も果たしている。交通広場の周りはぐるっと薄い金属の屋根が廻っていて雨の日でも濡れずにバスの乗り降りができる。この屋根の縁にはライン状に照明が仕込まれていてバス乗り場だけでなく広場全体も照らしているので、広場には一本も照明ポールが立っていなくてすっきりしている。交通広場は決して広くはない。交通広場をできるだけ広く拡充したいと思ったが、土地区画整理事業で道路や広場・公園に充てる公共換地の枠の中で精一杯確保した規模が今の交通広場である。そのため、場所を取る駐輪場や公衆便所などはデッキの下に立体的に設けてオープンスペースを確保するようにしたり、歩行の邪魔になるポール類を極力減らすために照明柱を個別に建てないようにしたり、工夫を凝らした。

テラスモール湘南（複合都市機能ゾーン）

ショッピングモール・テラスモール湘南に行ってみよう。駅に直結する二階デッキでもアクセスできるし、交通広場に隣接するモールの広場からもアクセスできる。大型の専門店などが複数の要所に配置された多核モール型の湘南地域最大規模を持つ大型商業施設で二八一店舗が集積する。まず外観に特徴があることがすぐにわかるだろう。「テラスモール湘南」と名付けられたように上に行くに従って建物が段丘状に後退している。各階に周囲の景色を眺められるバルコニーが設けられ、店舗の外部テラス席や屋外の回遊動線・休憩スペースとなって植物が植えられている。温暖な気候風土のもと緑豊かな環境に暮らす湘南の人々のライフスタイルに応えようと「緑の丘」をイメージした施設になっている。

もう一つの特徴が「湘南ビレッジ」と名付けられた建物の東側に大通りに沿って延びる青空天井のオープンモールである。ここには湘南各地や海外のリゾートのユニークな路面店が配置され、湘南らしい青空の下のショッピングが楽しめる。横浜のイセザキモールや元町商店街のような既存商店街のモールはともかく、新規に開発されるショッピングモールは屋根を架けて屋内に囲い込むクローズドモール形式が一般的であった。天候に左右されずショッピングを楽しめること、室内化して外部環境に影響されない別世界を演出し、一旦入った客を逃がさないようにできること等が大きな理由だろう。しかし、筆者達はそうした大規模商業施設の常識に疑問を呈し、別の形態を求めた。それは、モールを内部化した大型商業施設の外観は外の街並みに対して閉ざされたただの大きな箱になってしまい、街並みに活気と魅力を失わせることになるからである。

街に開いた大型商業施設の形を実現するために、事業コンペを行い、二年間のデザイン協議を積み重ねて、段丘状のテラスを持つ建物とオープンモール「湘南ビレッジ」により街に開いた大型商業施設を実現したのである。現在、テラスモール湘南は順調な営業を続けているが、その要因の一つに街に開いた形態があると密かに自負している。

北口大通り線を歩く

駅前広場から北に延びる地区のシンボルロードである大通りを進んでいこう。広い歩道が両側に設けられ、車道との間はさまざまな草木が植えられた植栽帯になっている。高木の並木が歩行者に木陰を提供してくれるにはまだかなりの時間を要するが、低木の草木は植え込まれて一年経ってこの環境になじんだのであろう、緑が濃く、葉に勢いがある。舗装のパターンは駅前広場から続く辻堂の砂丘の風紋をイメージしている。横断防止柵もスチール・フラットバーで目立たないデザインになっているが、所々に三本のバーが並んでいて腰をかけられるようにも設えてある。

通りの左側はテラスモール湘南の「湘南ビレッジ」の低層の建物が隙間を空けて並んでいるので、オープンモールの様子が窺え、モールに入り込むこともできる。

大通りの右側（東側）には六つの建物が並んでいる。駅寄り南側より中層の複合商業ビル、低層の生協マーケット、高層オフィスビルが三棟、低層の法務局庁舎の順に並ぶ。建物は全て道路境界線より四m後退して敷地前面に歩道と一体となった歩行者空間となっており、一階の室内をガラス越しに眺めながら広々とした空間を楽しみながら歩けるようになっている。建物の高さやデザインはそれぞれだが、色彩は駅前の淡い黄土色からオフィスビルの白色へとグラデーションがついている。

オフィスビルは、民間オフィスビルが二棟、藤沢市開発経営公社が運営する体験学習・就労支援・起業支援などの機能を持つ施設の入る複合ビルが建つ。それぞれ、一階に商業サービス施設、低層階に子育て支援、福祉サービス、広域行政サービスなどの公益施設も配置され、地区内だけでなく藤沢市・茅ヶ崎市等の市民サービス機能も担うゾーンとなっている。

このように北口大通り線は地区の中心となる街路なのである。

神台公園（広域連携機能ゾーン）

北口大通り線に沿って、地区で働く人、住んでいる人、訪れる人等がさまざまな利用の仕方で安らぎ楽しめるように、丁度地区の中央に当たる位置に「神台《かんだい》公園」がある。まだ緑は大きく育っていないが、将来は桜の花見や紅葉を楽しみにしたい。また、この公園は災害時の防災拠点としても整備されており、耐震性貯水槽、防災備蓄倉庫、仮設トイレ、仮設かまど、雨水地下貯留施設などが用意されている。

公園の西側はテラスモール湘南の来街客のための広い仮設の駐車場になっているが、将来は、藤沢・茅ヶ崎・寒川地域の広域行政サービス機能や、大学等の教育研究機能や民間企業の研究機関など時代のニーズにあった公共的な土地利用を想定して保留した土地となっている。

公園の南東と北東の角は北口大通り線の交差点に面して公園の入り口にもなっているが、交差点の四隅はそれぞれの敷地の協力により街角広場となっており、北東の交差点はサルスベリ、南東の交差点はクスノキが植えられ交差点を特徴づけている。地区内の他の交差点でも街角広場が設けられ街並に変化をもたらす樹木が植えられている。それぞれの敷地の建物入口周りにもゲート広場を設けているものも多いので気をつけてみてみよう。

産業関連機能ゾーン

神台公園の北側を東西に走る辻堂神台東西線を通り越すと、建物の趣きががらっと変わる。右側の角には地域の放送局であるジェイコム湘南の湘南局が建つ。左側は湘南藤沢徳洲会病院の拡張用地で今は来客用駐車場として使われている。

さらに北に進むと工場や研究所が両側に並んでいる。本社・研究開発センターを整備した協同油脂は、まさに湘南C-Xの地に一九三六年（昭和十一）に創業したグリースや金属加工油剤のトップメーカーである。また、ファスナー金型の世界的メーカーである大新《だいしん》工業製作所、プラスチック製自動車部品開発メーカーの大栄《だいえい》は地元辻堂で長年操業してきた中小企業だが、新しい研究開発テクニカルセンターを整備して更なる社業の発展に挑んでいる。住友精密工業も航空機・磁気浮上車両等の高性能油圧機器の研究開発機能拠点をこの地に整備している。

このようにこのゾーンは、湘南C-Xの元の工業系土地利用を継承するゾーンであり、藤沢市内やJR東海道沿線の工場や研究開発機能、さらには大学等との連携による新しい産業活性化のインキュベーション（起業支援）ゾーンとしての役割も期待される。

北口大通り線をさらに北上すると国道一号線・旧東海道にぶつかる。近くには旧東海道と旧大山道の分岐点である追分の遺構も残っている。旧東海道には社寺・古民家や金石文も点在しているが、松並木も所々に残っており、北口大通り線の旧東海道との交差点付近は松を植えて東海道との接続部を暗示している。

湘南藤沢徳洲会病院（医療・健康増進機能ゾーン）

道を戻って辻堂神台東西線を西に進んでみよう。左手の神台公園を通り過ぎると右手にあるのが、湘南藤沢徳洲会病院である。

四角い下部の建物の上部に三角の建物が載ったような形状で巨大な建物でかなり遠くからもその存在がわかる。下部の四角い部分が各種の診療系部門があり、上部の三角状の部分が病棟になっている。当病院は茅ヶ崎市に一九八〇年に開業した茅ヶ崎徳洲会総合病院が、二〇一二年に湘南C-Xに新築移転を行い、それに伴って病院名も改めて開業したものである。病院の南側、辻堂神台南北線に面する建物は「ココカラ辻堂」という名の日本最大級を自負しているスポーツクラブである。会員でない読者のために少し施設を紹介しておくと、一階がエントランスと駐車場、二階がトレーニングジムとアリーナ、三階が地下からくみ上げた天然温泉を使ったスパ、四階がスイミングプールとなっている。

集合住宅ゾーン（複合都市機能ゾーン）

辻堂神台南北線の西側に四棟の集合住宅が建っている。合わせて五七〇戸の一般世帯家族向け住宅がある。このゾーンは湘南C-Xの中で住宅の立地が認められているゾーンである。敷地は三つに分かれてそれぞれの事業者が住宅を建設し、分譲しているが、計画と設計は共通の理念のもとにお互いの調整を取りながら一体的に配置や建物のデザイン、外構計画が検討されて造られた。

東側のテラスモール湘南にも面する敷地であることから、商業空間ゾーンの賑わいから安らぎと落ち着きのある住宅ゾーンへ切り替えるため、辻堂神台南北線沿いは壁面を後退して緑化している。また、住棟（集合住宅の建物）はそれぞれの住宅に日照を確保するため、南面する板状の建物を高層化してリズミカルな配置となっているが、住棟間の空間の緑化や空への抜けに配慮している。さらに、エントランスホール・集会室をガラス張りにして中の様子を通りから窺えると共に、中庭への視線が通るようにも工夫している。

また、西側に広がる茅ヶ崎市の戸建て住宅地に対して住棟の圧迫感や日影の影響を軽減するため、住棟の西側は高さを押さえるとともに、建物壁面を道路境界から六m程後退して歩道状空地《くうち》や児童のための遊び場を持つグリーンベルトにしている。

西口広場（交通結節機能ゾーン）

西口広場にも行ってみよう。すぐ西側は茅ヶ崎市域である。そのため、西口は主として茅ヶ崎市域からの乗降客のために設けられている。かつては広場は無かった。西口の駅舎と跨線橋を改築するとともに、駅への快適なアクセスができるように施設整備が行われた。北側には西口広場がＪＲ東海道本線に沿って北側を走る道路（辻堂駅初タラ線）の歩道と一体となった形で整備されている。コンパクトな広場なので、公衆トイレは階段の下に組み込まれている。南側には私有地と土地を一部交換してスロープ付き階段とエレベーターを備えた階段室が整備された。この階段室は地上部にタクシーやマイカーの寄り付きができる歩道空間を確保し、駅の存在を街並みの中で示すように、北口交通広場のデッキと同じルーバーの外装となっている。また隣接する民間ビルと踊り場で繋がっている。

南口交通広場（交通結節機能ゾーン）

辻堂駅西口から湘南辻堂商店会通りを通って南口に廻ってみよう。南口交通広場の改修も北口交通広場の整備に引き続いて行われた。規模は変わらないが、車の動線を整理してバス・タクシー・一般車の乗降場を区分するとともに、歩道の拡幅とバスシェルターの設置、さらに民間マンション建設計画を協議調整する中で交通広場に面する敷地の一部を誰もが自由に立ち入れる公開空地として確保し、駅と結ぶデッキを整備した。また、ささやかだが、交通広場の緑化も行った。

駆け足で湘南C-Xの街をみてきたが、次章以降、湘南C-Xのプロジェクトのそもそもの発端からどのように現在の姿を実現してきたか、詳しく見ていくことにしよう。（菅　孝能）

第一章
選ばれるまちへ都市の価値観の転換

北口交通広場　テラスモール湘南の広場と一体化している

1　都市藤沢は戦後どのように発展してきたか

首都圏に位置する湘南の中核都市藤沢市は、拡大・成長都市の優等生として、高度経済成長期を契機にめざましい発展を遂げてきた。温暖な気候と交通網の発展により東京・新宿から五〇分で結ばれる地域特性が、溢れる首都圏人口の受け皿として、市場から有望視され、産業誘致と住宅地整備により、一九五五年に人口一〇万人の都市が二〇一〇年には人口四〇万人の都市へと変貌した。

一九五七年に策定された藤沢綜合都市計画に基づき、藤沢市西北部の丘陵地や田園地域を中心に、工業団地が造成され、いすゞ自動車・東京ラヂエター製造・オイレス工業をはじめとする、機械・電気・製造業の一大産業集積拠点を実現した。その結果、藤沢市は、横浜・川崎に次ぐ神奈川県下第三位の工業都市としての地位を確保してきた。また、人口約四万五千を収容する約三三〇haのニュータウン「湘南ライフタウン」の開発や湘南台駅周辺の区画整理事業など、土地区画整理事業（道路・公園・下水道等の公共施設を整備・改善し、土地の区画を整え宅地利用の増進を図る事業）により、市街化区域面積の約三六％を計画的に整備し、良好な住宅市街地を創出してきた。

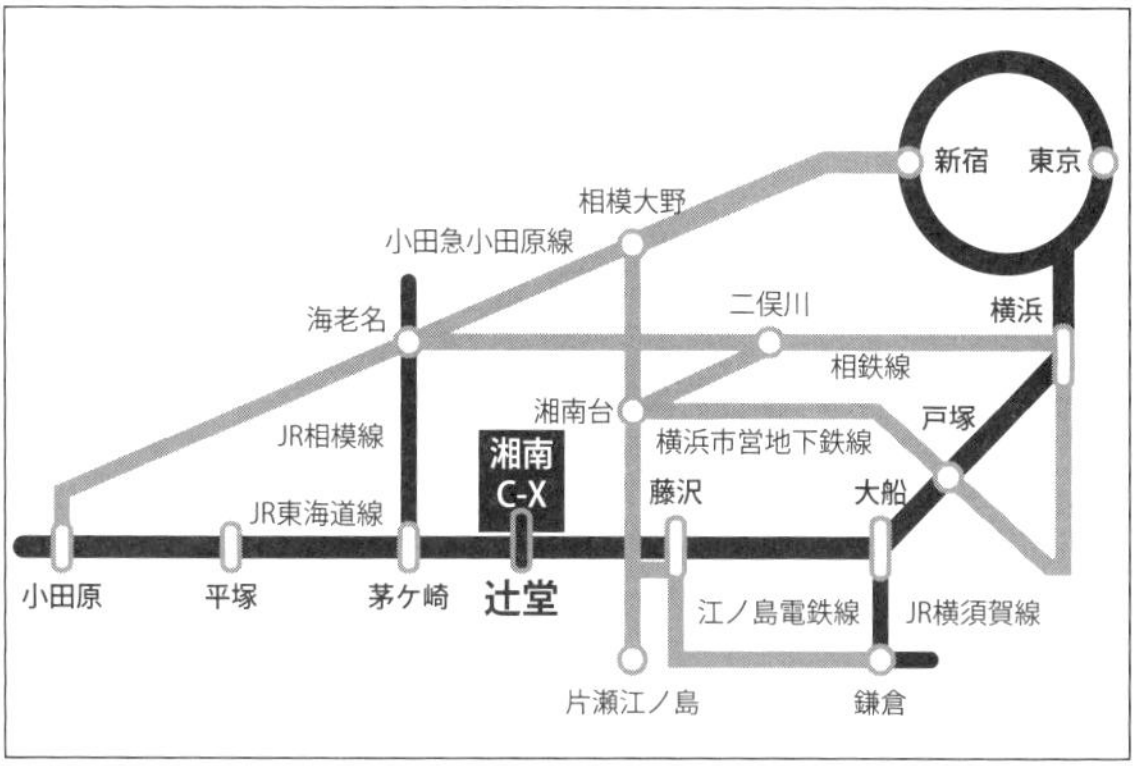

図3　湘南C–X位置図

当時、市は担税力の高い市民と産業集積効果で、不交付団体（国から財源不足を補う地方交付税が交付されていない自治体）として豊かな財政力を誇っていた自治体であった。

しかし、バブル経済の崩壊を契機に、生産拠点の東南アジア地域への移転や集約化に伴う工場の閉鎖、生産量の縮小により、一九九二年には約二兆四千億円に達した工業生産出荷額が、二〇〇五年には約一兆二千億円と大幅に減少し、市の統計では従業者数も約四万人から二万三千人に減少した。ピーク時から十三年間で工業生産出荷額と雇用が半減するなど、市の産業構造は大きな変化に直面したのである。

また、七〇年代の藤沢駅周辺の都心部は再開発事業や土地区画整理事業により百貨店・量販店・専門店等の商業集積が図られ、商業都市としても県下第三位の地位を確立した。その後、都市間競争の激化によ

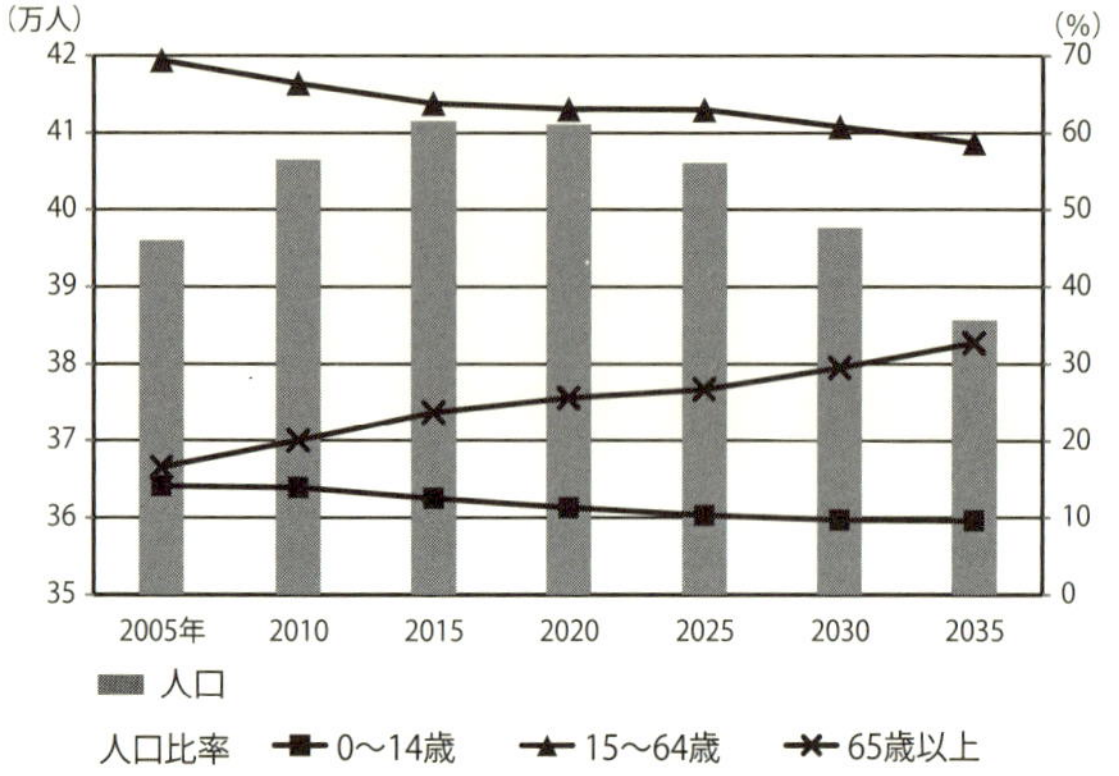

図4　藤沢市の人口推計　藤沢市人口推計報告書（2009年3月）より作成

る東京・横浜への消費流失と郊外型ショッピングセンターの進出により、一九九一年の商業販売額八七九七億をピークに、減少傾向をたどり二〇〇七年には七二九七億円にまで減少し、藤沢駅周辺の商業機能の陳腐化が進行した。

これらの結果、法人市民税・事業所税などの収入も一九九七年度の約七九二億円をピークに下がり続け、二〇〇三年度には約六九一億円にまで歳入が減少した。

さらに、人口も二〇一三年は四一万八千人とまだ微増傾向にあるが、将来人口予測では二〇一五年をピークに人口が減少し、高齢者人口比率も二〇〇五年の一七・九％から二〇三五年には三三・六％と増加し、三人に一人が高齢者となる高齢化社会が到来することが明らかになっている。人口は減っても世帯数が増加し、単身世帯・高齢者世帯が急増する新たな課題も明らかになった。特に、高度経済成長期に開発された住宅地での高齢者の増加が現実化してきた。藤沢市においても人口減少・低成長の時代の幕が開いたのである。

そのような情況のなか、辻堂駅前に東京ドーム一九個分に相当する広大な敷地で操業してきた関東特殊製鋼が二〇〇二年十一月に工場全面撤退を突然表明した。市内ではミネベア、日本精工、荏原製作所など活発に操業している企業がある一方、関東特殊製鋼だけでなく東海道沿線の工場は次々と姿を消し始めている。藤沢と大船の中間に位置する武田薬品藤沢工場が閉鎖され、二〇一一年に武田薬品湘南研究所に変わっている。さらに、同年には、パナソニックの三工場（一九ha）が閉鎖、現在藤沢サスティナブル・スマートタウンとして住宅地開発が行われている。湘南他都市でも、平塚の日産車体工場が二〇一二年に一部閉鎖、住宅地とショッピングセンターの開発が行われることになっているし、小田原の日本たばこ産業工場が二〇一一年に閉鎖、大船の資生堂鎌倉工場も二〇一五年の閉鎖が決まっている。

関東特殊製鋼の撤退が市にとって重要な問題となったのは、経済影響力や跡地の大きさだけではなく、その場所が藤沢市都市マスタープランで位置付けている都市拠点の一つであったからである。市は都市構造のあり方や産業構造の再編戦略を迫られる事態となったのである。産業構造、都市構造の変容が進み、市民の雇用の場の確保、産業空洞化・消費流出からの脱却、市の財政構造の再構築は焦眉の課題となった。

2　拡大・成長都市時代の終焉

戦後の日本は、都市構造の面では一九五〇年に国土総合開発法（日本国土の土地、開発及基礎的計画の在り方を長期的に方向付けたもの）が公布されて以来、地域間の均衡ある発展を旗印に人口や産業の地方分散と東京一極集中の是正を目指してきた。しかし、日本経済の成長が続き、一九六〇年代後半に入っても、人口、産業の三大都市圏への集中が続き、現在でもその傾向が続いている。また、地方拠点都市においても人口、産業を周辺都市から吸収して集積するストロー現象を招く結果となった。三大都市圏や地方拠点都市では、溢れる人口の収容と産業集積を図るために、郊外部への都市の拡大と駅前を中心とする都心部の機能強化を図るために市街地再開発事業が行われ、金太郎飴のようなまちづくりが日本列島のそこかしこで誕生した。拡大する都市を支えるための社会インフラとして、自治体は道路・上下水道・教育施設・文化施設等の社会資本整備や市街地整備を政策の基本に据えた公共投資を行ってきた。まさに拡大・成長都市の時代であった。

二〇〇五年十二月に「二〇〇五年の国勢調査」の最初の集計結果である速報人口が総務省統計局から公表され、わが国は二〇〇五年から人口減少局面に入りつつあることが初めて明

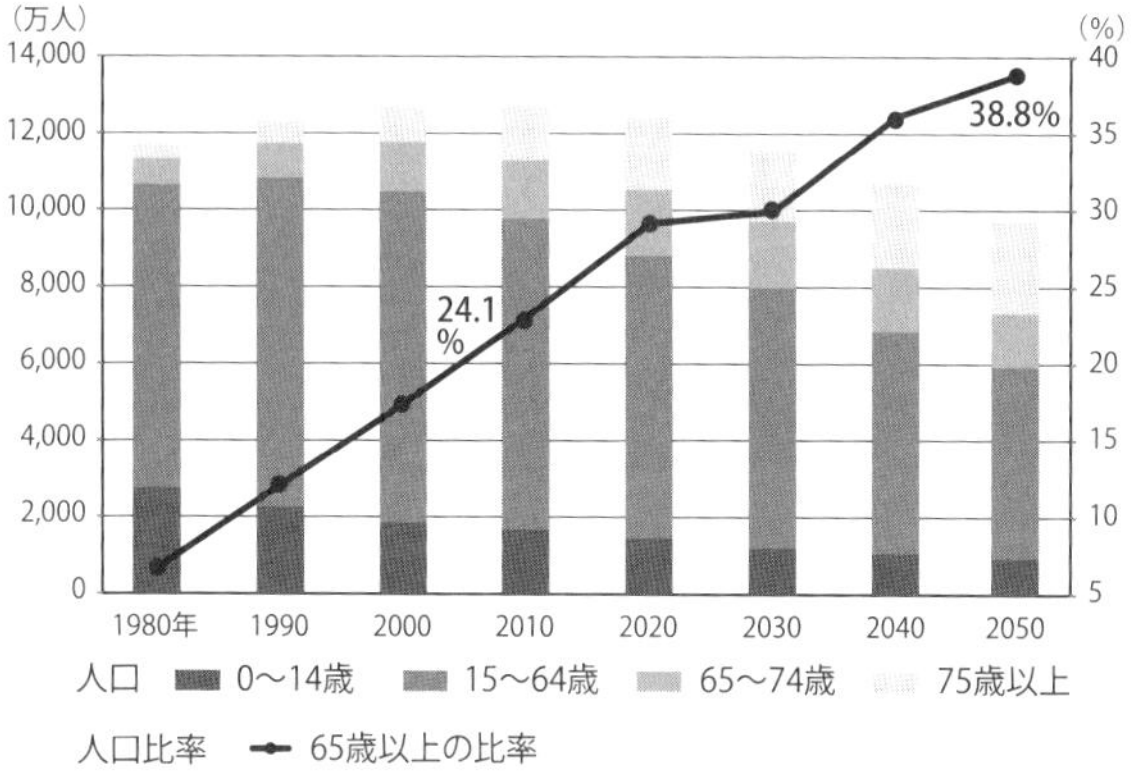

図５　日本の人口推計　国立社会保障・人口問題研究所「日本の将来推計人口」（2013年１月）より作成

らかにされた。近年公表された国立社会保障・人口問題研究所（二〇一三年一月推計）の将来人口推計によると二〇一〇年の一億二七〇八万人から二〇五〇年には一億人を割り九七〇七万人へ減少し、同時期の高齢人口は二九二四万人から三七六七万人となり高齢化率は三八・八％に達し、三人に一人が高齢者となる、人口減少・高齢化社会を急速に迎える時代に入った。経済面では、高度経済成長時代からバブル経済期まで、一貫して右肩上がりの経済成長が、一九九一年度以降実質ＧＤＰ成長率が年度平均〇・九％に転じ、経済が低迷する時代に入った。拡大・成長都市時代は終焉を迎えた。

拡大・成長戦略は根本的な限界に達し、その矛盾や疲労が現れてきた。市民生活では、終身雇用制の崩壊による非正規雇用の増加と所得格差の拡大が社会問題を招いている。地域構造においては、先行して、地方の中山間地域に限界集落（六十五歳以上の高齢者が過半数を占め、生活の担い手の再生や地域コミュニティの維持が困難な集落）が全国でも七八七八か所も出現した。地方都市の中心市街地ではモータリゼーションの進展や商業を取り巻く環境の変化等を背景に空洞化・衰退が深刻な地域課題となっている。

他方、三大都市圏の郊外の住宅地、大規模集合住宅団地では、高齢世帯や空き家の増加に伴う都市型限界集落の出現など、様々な形で社会問題となって現れてきた。

3　都市を見る価値観の転換

経済が成長すれば、当然国の税収は増える。国は経済成長がもたらす税収を背景に、地方交付税や国庫支出金を出して自治体の財政を支えてきた。自治体は財政移転で国から得た資金と自主財源（地方税・使用料・手数料・寄付金・財産収入・繰越金等）を活用して、産業基盤・生活基盤の整備を行い、更に人口増加と産業集積により得た自主財源をもとに再投資を行うことで、他都市より高い経済成長を実現することが都市の発展の証とされた。この時代の都市の発展の指標は、人口増加や貨幣価値で測れる所得の成長といったフローの概念（ある期間、国内生産した財の付加価値）で測られてきた。

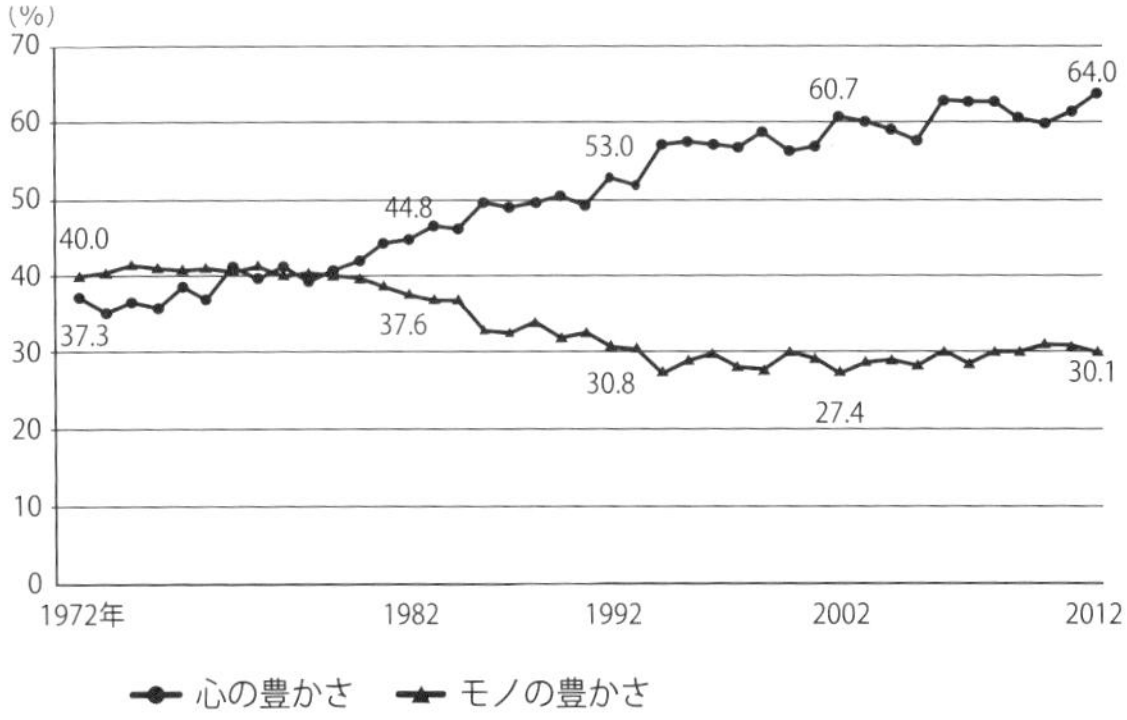

図6　生活に対する満足度の変化　内閣府「国民生活に関する世論調査」(2012年) より作成

図6に示した、国の「国民生活に関する世論調査(一九七二年〜二〇一二年)」の推移を見ると一九七九年を境に「心の豊かさ」の追及に重きをおく考え方が、「物の豊かさ」を上回り、以降、上昇傾向をたどり、二〇一二年には過去最高の六四・〇%が「心の豊か」と答え、「物の豊かさ」の二倍に達した。このように生活意識の観点からも時代は大きく変わった。今までは、人口増加と経済成長の結果として、豊かさが後からついてくるものと考えられてきた。しかし、国民は経済成長期を通じて物質的豊かさを一定程度享受したことから、生活環境や心の豊かさ、幸福度を追求することを重視し始めた。言い換えれば、これまでの時代は「量を増やす」ことが社会の主要な行動規範であったが、これからの時代は「量」より「質」の重視、「人との絆、つながり」を大切にしていくことを重視しなければならないこ

とを示唆している。

このような時代背景から、国際連合や諸外国などで低成長・成熟化社会を見据え、国民・市民の幸福度（Happiness）の実現を新たな政策目標に位置付ける活動が活発化したのもこの時期であった。二〇〇一年にはOECDが経年的に「幸福度及び社会進歩の測定」に関するグローバルプロジェクトをスタートした。これらの動きに共通するのは、国民・市民の幸福がGDPだけでは測れない、あるいはGDPの拡大だけでは実現できないというものである。

国民が一定の物の豊かさを実現し、生活環境の維持・向上や身近な地域環境の保全・向上が課題とされる時代では、「豊かさ」「幸福度」の向上を測る指標には、貨幣価値で換算できない「使用価値」や「市民的資産」といったストック概念（現在使用する分より、余分に確保されている資源）による評価が必要である。

しかし、人口減少、低成長時代が到来しても、多くの自治体では、都市の実力を評価する「ものさし」は、人口増加、経済成長力が最も重要視される傾向がある。たしかに、心の豊かさや絆、つながりといえども経済面を無視するわけにはいかない。人口減少時代の現実を直視し、地域の価値を再発見してその価値を生かして地域社会を持続可能とする地域経済の仕組みが必要となる。

私達は低成長・成熟化時代とどのように向かい合うのか、人々が求める真の「豊かさ」とは何か、住み続ける、選ばれ続けるまちとは何かを試行錯誤を繰り返しながら、把握・追求をしていくことが求められる時代に入った。

4　湘南の地域構造を読み解く

湘南のまちの履歴

湘南は、富士山を遠くに仰ぎ、江の島と湘南海岸を背景とした、松林と海岸線が織りなす風光明媚で温暖な気候の地として、一八八七年（明治二〇）に東海道本線の横浜と国府津間が開設されて以来、大正期から昭和初期にかけて別荘地として発展してきた。一八七二年（明治五）に明治政府のヨーロッパ使節団がロンドンの南方六〇㎞にあるイギリス王室や貴族など富裕階級の海浜保養地ブライトンを視察したことがそもそもの発端と言われている。当時ヨーロッパでは海水浴療法が盛んになり、温泉から海浜に保養地が移るとともに、鉄道の開通により保養地が富裕階級のものから大衆化し始めた時期であった。また同じ頃、対岸のノルマンディー海岸でもパリから鉄道が延びてリゾート化が進み、印象派の画家たちを生むきっかけにもなった。

湘南一帯は、西洋医学の指導に当たったお雇い外国人ベルツや松本順、長与専斎ら医師の保養地整備の進言により一八八五年（明治十八）前後に大磯、鎌倉、葉山へ海水浴場が開設され、一八八九年には横須賀線が開通して、保養別荘地として発展を始める。使節団に参加した、ベルツらの患者であった政治家や実業家は医師の薦めに従って湘南の各地に別荘を次々に建てていった。その後、学者・文学者・画家など明治大正期に活躍し名を残した著名人が湘南に別荘や住まいを構え、彼らの事蹟が湘南の各地の地域史に刻まれ、湘南文化や今日「邸園文化」と呼ばれる街並み景観が形成されてきた。

こうしたヨーロッパの最新の動きとも符合して湘南が保養別荘地として発展し得たのは、第一に冬暖かく夏涼しい海岸性気候と自然豊かな環境、第二に東京から鉄道を利用して半日で到達できる交通の利便性、の二つの地勢的条件が備わっていたからである。

戦後は、映画「太陽の季節」でデビューした石原裕次郎やサザンオールスターズなど、海岸文化の新たなイメージが付加され、マリンスポーツのメッカとして、首都圏市民の憧れの湘南生活の地として地位を確立してきた。また、まちには「湘南」の文字が氾濫し、「海」「太陽」「若者」や「高級住宅地」といったブランドイメージを連想させ、様々なジャンルで名称が冠として活用されている。私たちが何気なく暮し、生活している「湘南」とはいったいどのエリアを指すのか、諸説あるが、近代における別荘文化を共通の基盤とする、葉山から逗子・鎌倉・藤沢・茅ヶ崎・大磯までの相模湾沿岸を、その範疇としているのが定説である。

湘南地域の都市構造

(1)東海道都市ベルトと藤沢北部丘陵田園ゾーン

湘南の中央部に位置する鎌倉・藤沢・茅ヶ崎エリアは、都市形成の歴史から「東海道都市ベルト」と「藤沢北部丘陵田園ゾーン」に分かれ、「東海道都市ベルト」はさらに二つのゾーンから構成されることが読み取れる。

ひとつは、相模湾沿いの「湘南海岸リゾートゾーン」である。東海道本線の開通後、横須賀線、江ノ島電鉄も開通し、これらの沿線や海浜部は資産家や企業家の海浜保養別荘地として発展してきた。戦後は住宅開発が更に進み、邸園文化に彩られた高級住宅地と海浜部は江の島・湘南海岸を中心にマリンスポーツ・レクリエーション観光地となっている。

他方は、東海道本線沿線域の大船・藤沢・辻堂・茅ヶ崎の駅前商業地と工場地からなる「東海道沿線産業ゾーン」である。昭和初期から戦後にかけて、横浜・川崎の臨海部に形成された京浜工業地帯から派生して日立製作所・三菱電機鎌倉製作所・日本精工・関東特殊製鋼・パナソニック藤沢工場・TOTOに代表される機械・製造業を中心に集積が図られた。このゾーンは、将来生産機能から研究開発・情報交流サービス機能に変化していくものと思われる。この二つのゾーンから構成されたエリアが「東海道都市ベルト」である。

横浜湘南道路の北側に広がる相模原台地の田園地帯は、先述したように高度経済成長期に流

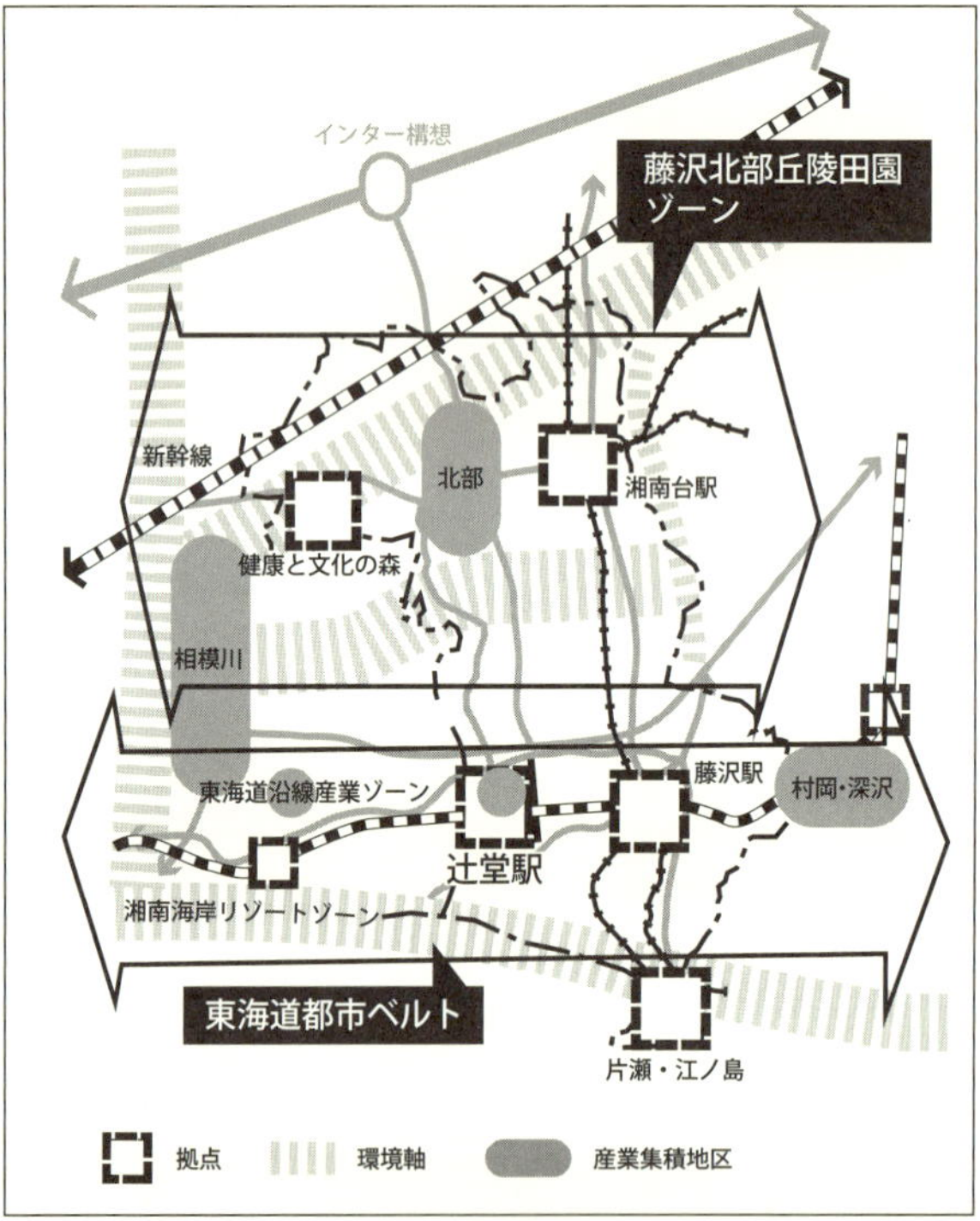

図7　藤沢市を中心とした新しい地域構造のイメージ　藤沢市「都市再生ビジョン」(2003年7月）より作成

入人口の受け皿や新たな産業集積地として内陸部に開発された。その周辺には里山や斜面緑地が数多く現存し、自然環境と共生する市街地が形成されている。また、市街化調整区域を中心に田畑や牧草地が広がり、果樹・花卉栽培、湘南野菜等を生産する農業ゾーン、日本大学生物資源科学部、慶應義塾大学湘南藤沢キャンパスなどの教育機関が併存するエリアが「藤沢北部丘陵田園ゾーン」である。

⑵湘南の都市構造の特質

鎌倉・藤沢・茅ヶ崎エリアの地形は、東側を三浦丘陵台地に、北側を相模野台地の丘陵地に面し、南側には湘南砂丘と海が広がり、帯状の海浜グリーンベルトで囲まれた、環境豊かな表情を持った構造特性を有する。「東海道都市ベルト」と「藤沢北部丘陵田園ゾーン」を支える都市構造は、格子状に東西軸と南北軸による鉄道・道路網により、ゾーン内外がネットワーク化されている。東西軸は海側から、国道一三四号線・東海道本線・横浜湘南道路・東名高速道路等、南北軸は、県道横浜藤沢線・国道四六七号線・小田急電鉄江ノ島線・県道四三号藤沢厚木線・JR相模線・首都圏央道などで交通ネットワークが形成されている。

都市構造の特質は、東京・新宿方面への横軸の公共交通軸が強く、鎌倉・藤沢・茅ヶ崎エリアを結ぶ公共交通網が比較的弱く、それぞれの都市が独自の生活圏を形成し、通勤・通学・買い物などの東京志向が強い。他方、所得水準が高く、文化水準も高いエリアで、邸園文化に代表される独自の「湘南」という風土・文化が新旧市民共通の郷土愛の源になっていると思われる。来街者や観光客にとっては、ゾーン内の湘南は多様性と広がりを持った「湘南」として捉えられる傾向があるが、居住者・生活者は居住地から相模湾に徒歩で行くことができる範囲を「湘南」として捉える傾向がある。

辻堂駅周辺地域の地域構造

湘南C-Xの立地特性を詳細に解き明かすために、さらに辻堂駅周辺地域に絞って分析する。「辻堂駅周辺地域」とは、辻堂駅を中心に駅を利用する範囲や生活圏を共にする辻堂・鵠沼・明治・大庭地区や茅ヶ崎市の東端部の地区を含めた総称である。

辻堂地区の玄関口である辻堂駅は東海道本線藤沢駅から西へ三・七㎞、茅ヶ崎駅から東へ三・九㎞と、その中間に位置し、地区は茅ヶ崎市と市域を接し、藤沢市全体から見ると西端域に位置する。辻堂駅周辺地域は、地形的には相模野台地南端の丘陵地が北側に面し、地区の南側には辻堂砂丘が広がり湘南C-Xの南側約二・三㎞先は湘南の海に通じている。

辻堂駅北側一帯は、江戸時代は羽鳥村と言ったが、江戸庶民の信仰・行楽である「江の島詣で」と「大山詣で」の二つを結ぶ旧田村通り大山道と旧東海道の分岐する追分の間《あい》の宿で、湘南C-Xの辻堂駅北口大通り線が国道一号（旧東海道）と交差する近くの四谷追分には、立場茶屋があった辺りに今も不動尊を頂く道標と鳥居が立っている。辻堂駅南側一帯が辻堂村で、村の中心の鎌倉道との十字路に寺があり、「四つ辻のお堂」から転じて辻堂となったと言われている。

純農村であった辻堂駅周辺地域は、住民が請願し用地・資金を提供して整備された一九一五年（大正四）の辻堂駅の開設を契機に、駅近辺の工業地化と南部の浜見山・大平台の宅地開発で大きく変貌していく。湘南C-Xの大部分を占めていた関東特殊製鋼も一九三六年（昭和十一）に鵠沼から移転してきた企業であった。東海道本線の横浜から平塚にかけての沿線には様々な工場の進出が相次ぎ、戦前は横須賀軍港や厚木飛行場を控えている関係から軍需物資の生産も盛んだった。パナソニック藤沢工場や平塚の日産車体など現在各地で工場の撤退が相次いでいるが、戦後はその技術を生かして京浜工場地帯に次ぐ東海道沿線の工場地帯として高度成長期の日本を支えてきたのである。現在、土地利用面では、東海道本線の南側には藤沢市辻堂東海岸・鵠沼や茅ヶ崎市の松浪・西海岸等にかけて良好な住宅地が形成され、北側には工場地帯や戦後開発された住宅地が形成されている。

辻堂駅周辺地域の地勢は、西端部を茅ヶ崎市と接し、北端部には寒川町が位置し、藤沢・茅ヶ崎・寒川の二市一町のほぼ中央に辻堂駅周辺地域が位置する。二市一町を「一つの都市圏」としてみたて、二〇〇二年当時の区域面積を合計すると、約一一〇㎢、人口約六八万人、製造業出荷額約一兆七五〇〇億円、産業別従事者約二三万四〇〇〇人、商業年間販売額約一兆円、五大学の年間卒業生数、約三〇〇〇人、教職員と学生で約一万五〇〇〇人を有するなど、政令指定都市並みの人口、区域面積と都市機能が集積していることが見てとれる。

辻堂駅は、東海道本線で東京駅まで約五〇分、湘南新宿ラインの直通運転により、渋谷・新宿・池袋までも約五〇分で結ばれ、都心への接近性が極めて高い利便性を有している。辻堂駅を利用する乗降客数の平均は、二〇〇二年当時一日当たり約九万人（藤沢市推計辻堂駅乗降客

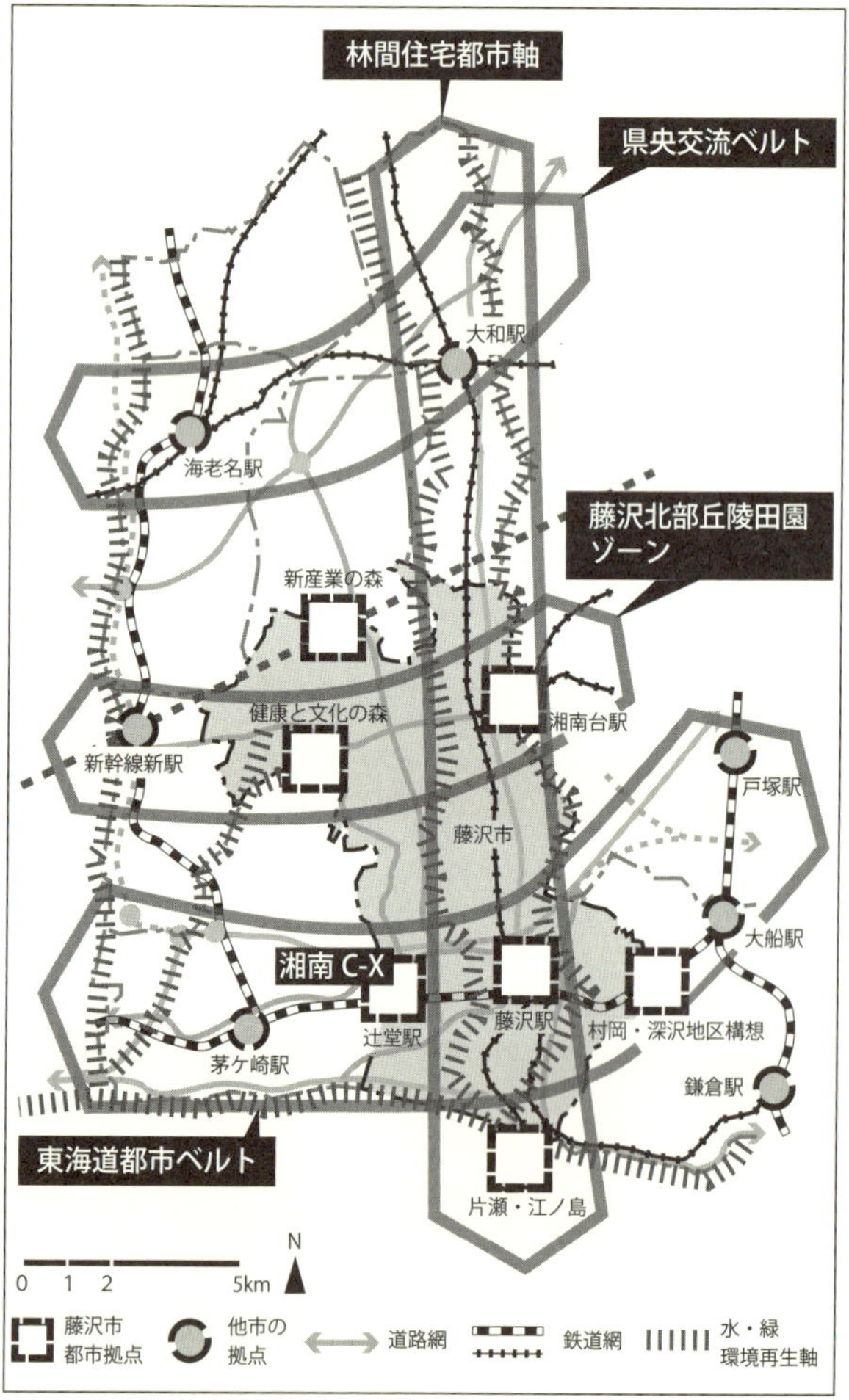

図 8　藤沢市広域都市戦略プロジェクト図　藤沢市「湘南 C-X」より作成

数）で、そのうち、約四〇％が茅ヶ崎市民であり、藤沢・茅ヶ崎市民共用駅の性格を帯びている。湘南C-Xの北側一・五㎞には横浜湘南道路が二〇一五年度完成を目指し、工事が行われている。完成すると首都圏中央道と連絡され、横浜環状道路南線と接続する。また、開発地東側に配置されている主要幹線道路藤沢厚木線を介して東名高速道路の（仮称）綾瀬インターチェンジと将来接続されるなど、藤沢市内で唯一の高速道路ネットワークのアクセス性が高い場所となる。

このような地域構造から、次のことが明らかになった。

①辻堂駅周辺地域は藤沢市の西のはずれの地区ではなく、藤沢市・茅ヶ崎市・寒川町による広域的な都市圏域の「中心」に位置する地勢と立地特性を有すること。

②将来の高速道路ネットワークや東海道本線、湘南新宿ラインを介して東京圏、名古屋・大阪圏と「モノ・人・情報」の交流を可能にする広域交通ネットワークを有すること。

③湘南の海、温暖な気候、相模野丘陵や海浜グリーンベルトによる緑地環境、平坦な砂丘地域としての移動性の容易性、地形・自然特性の持つ優位性を有すること。

辻堂駅周辺地域の地域資源

地域資源とは、特定の地域に存在する自然資源、人工資源、歴史・文化資源など資源として活用可能なものの総称といえる。以下、辻堂駅周辺地域の地域資源について考察し分析を行う。

辻堂駅周辺地域は、旧大山街道と旧東海道が分岐する「人と物資」が往来する場所として栄えてきた。そのため四谷追分には鳥居や道標があり、旧大山街道の道筋には神社仏閣・道祖神等が多く存在している。地区周辺には耕余塾跡、東屋跡や旧三觜《みつはし》家、大庭城址、養命寺などの史跡名勝が数多く存在し、町内会ごとに伝統的な祭りなど今に引き継がれ、歴史文化が息づく一面も残されている街でもある。

地域の自然環境は先述した通り、湘南海岸の青い海と砂丘と松林群、北側は藤沢北部丘陵田園ゾーンに面し、東海道都市ベルト内に住宅地が形成されてきた。辻堂駅南側の住宅地には、若者世代、ファミリー世代から裕福な高齢世代まで、多様な世代が居住し、全国平均と比べ高齢者比率が低い年齢別構成となっている。当該地区の居住者は全国平均の所得を一〇〇とすると一一八％と所得水準が高く、消費牽引力がある三十五歳から四十四歳の子育て世代が多く居住する成長性のあるエリアでもある。駅から海岸に向かい一〇〇ｍから三〇〇ｍも歩くと、サーフショップ、マリンファッション専門店、無国籍料理や家庭料理を提供する飲食店などが点在し、湘南生活を楽しむ気風が漂っている。辻堂駅周辺は富士山や江の島・湘南海岸を見ることができる眺望スポットが数多く点在し、街の魅力に彩りを加えている。

辻堂駅南口・北口交通広場からは、湘南海浜公園経由の江の島方面、慶應義塾大学湘南藤沢キャンパス経由の湘南台駅方面、国道一号線経由の茅ヶ崎駅方面など拠点駅・観光地を結ぶバス路線、成田空港を結ぶ高速バスや茅ヶ崎市東端部の住宅地、湘南海岸地域に広がる高級住宅地域、相模野丘陵北側に開発された湘南ライフタウンなどの住宅地とを結ぶバス路線があり、公共交通ネットワークが形成されている。

辻堂駅北口から一㎞先の相模野台地の大庭隧道を抜けると、緑に囲まれた湘南ライフタウン、引地川水系には水田地帯、遊水池が広がり野鳥や貴重な動植物の宝庫となっている。湘南ライフタウンの先には、茅ヶ崎市・寒川町と藤沢北部地域にかけて広大な田園地域が広がり、農業・園芸・畜産等の第一次産業拠点を形成している。

辻堂駅周辺地域には湘南工科大学、慶應義塾大学湘南藤沢キャンパス、文教大学等があり、辻堂駅が各大学をつなぐ交通拠点になり、多くの大学生が住み・学び・遊び・消費する場所となっている。

藤沢市では過去三十年にわたって「市民集会」や「くらし・まちづくり会議」などの市民自治の実績を積み上げてきた。辻堂駅周辺地域の辻堂・鵠沼・明治・大庭地区などでは、市民が主体となって、自治会・町内会、ボランティア、NPOなどの活動が活発に展開され、自助・共助の精神も芽生え、地域の問題は地域で考え、解決していく市民自治が定着し、「お互いさま」「地域を良くしていこう」「何事にも関心を示す」という気持ちが醸成され、まちづくりへの参加意識が高い地域といえる。
このような地域資源から、以下のことが見えてきた。
①辻堂駅周辺地域は気候温暖で、環境と文化に育まれ、湘南ならではのライフスタイルを展開・発信する、潜在的な地域ブランド力を有していること。
②辻堂駅周辺地域には五つの大学があり、地域の新たな産業活力を産学官が連携して次世代型のビジネスを生み出す潜在力が潜んでいること。
③北側を藤沢北部丘陵田園ゾーンで囲まれた環境と富士山が見える眺望スポットはまちに憩いと潤いを与える貴重な資源を有していること。
④湘南海岸まで約二・三㎞という海への接近性は生活にアメニティ（快適性）を醸成させる資源として魅力があること。
⑤辻堂駅周辺地域には、高級住宅地から庶民的な住宅地までバラエティに富んだ住宅地が形成され、若者から高齢者まで様々な市民が行きかい交流する文化と消費構造が潜んでいること。
⑥旧住民と新住民が融和し、地域の生活環境をより良くしていく、自らが住み続けるまちにするために、防犯・防災・福祉・子育て・教育などの課題に対して、地域で解決していくための共助の蓄積があること。

このような分析から、地域資源に磨きをかけ、湘南ブランドの強みを発揮し、新たな価値を創造することの重要性が明らかになった。

交流人口の拡大戦略

湘南の地域構造を読み解くことで、選ばれるまちにするためには「交流人口」の拡大が不可欠であることが見えてきた。交流人口とは耳慣れない言葉である。通勤・通学・買い物・文化鑑賞・レジャー・スポーツ・観光など多様な目的や動機でまちを訪れる人口のことである。交流人口を拡大させることで、人口減少による影響を緩和させ、地域に活力をもたらそうとする訳である。

先述したとおり、藤沢市でも商業の都市間競争の激化により消費の地域外流出が顕在化し、藤沢駅中心商業地などでの地盤沈下が続いている。藤沢市の昼夜間人口比（昼間人口と夜間人口の関係を表す指標）が一九七五年の九六・二％から二〇〇五年には九四・九％へ減少するとともに、夜間人口の約二六％、一〇万余人が昼間、通勤・通学・買い物などで市外に流出し、その内約三〇％が東京への流出となっている。文化・芸術鑑賞も市域の垣根を越えて交流する傾向が生じている。江の島・湘南海岸を中心とした観光・海洋レジャー客数は近年増加傾向にあるが、観光地と藤沢駅中心商業地との回遊性に乏しく都市部への消費・交流につながっていない。

このようなことが都市の活力喪失の要因となっているが、湘南C−Xでも湘南の豊かな自然と生活文化に新たな新成長産業が融合して育まれる広域連携拠点を実現していくためには、交流人口を呼び込み、拡大させるための戦略づくりが重要な鍵を握る。

辻堂駅を中心とする一〇㎞圏には約一〇〇万人を超える大きな後背人口が控えているし、足元圏（三㎞）は所得水準が高く消費・文化牽引力のある約二〇万人が居住する。これまで辻堂駅を通過していた平塚・大磯・小田原などからの通勤・通学者を呼び込むことが重要となる。次世代都市型の産業・研究・業務機能の集積によりビジネス交流人口を拡大する、高度先端医療や健康・予防関連機能、子育て・健康・教育機能の集積により地域住民を呼び込む、新しいライフシーンをエンジョイするための商業・文化・娯楽サービス機能の集積により後背人口の来街を促すなど、多様な機能が集積する都市拠点の形成を図る必要がある。

そして、固有な地域性を活かして、魅力ある都市空間と潤いある環境、快適な歩行空間のネットワークを創出することにより、居住する人、来街する人、地域で働く人に様々な交流の「場」を提供することも大切である。また、地域の固有性に配慮したマーケティング戦略により消費者、来街者のニーズを適確に把握して対応する経営姿勢を持った進出事業者を誘致し、街の「差別化」を行うことも重要となる。

（長瀬光市）

第二章
パートナーシップによる都市再生

テラスモール湘南　段丘状のバルコニーは湘南の空気を感じる場になっている

1　パートナーシップとは

パートナーシップによる都市再生とは、市民・地権者企業等と行政が課題を共有して、都市の再生を目標に、計画のプロセスごとに合意形成を図り、多様な主体が役割と責任を分担して、課題解決を図りながらまちづくりを進めていくことをいう。

都市づくりが開発を中心とした時代は、行政が主体となって人口流入の受け皿づくりや生産活動の場の確保を目指して、土地区画整理事業等の手法による秩序ある市街地形成や工業団地造成、中心市街地の拠点形成を図るための市街地開発事業等を行うことはそれなりの意義があった。都市づくりは事業者としての行政と地権者との関係で進められてきた。併せて、民間が主体となる開発に対しては、行政が都市計画法等による規制・誘導を行ってきた。経済成長が鈍化し、経済の活性化が叫ばれると、用途・容積率等の規制を緩和する再開発等促進区型地区計画制度や都市再生特別措置法などが制定され、大規模ディベロッパーが計画・開発の主体となって都市再生が進められてきた。

拡大・成長都市の時代から成熟都市の時代への移行期にある中、地方都市の再生をこのような全国一律の施策に基づく「都市再生論」で解決することが本当に可能なのか。行政や市場の

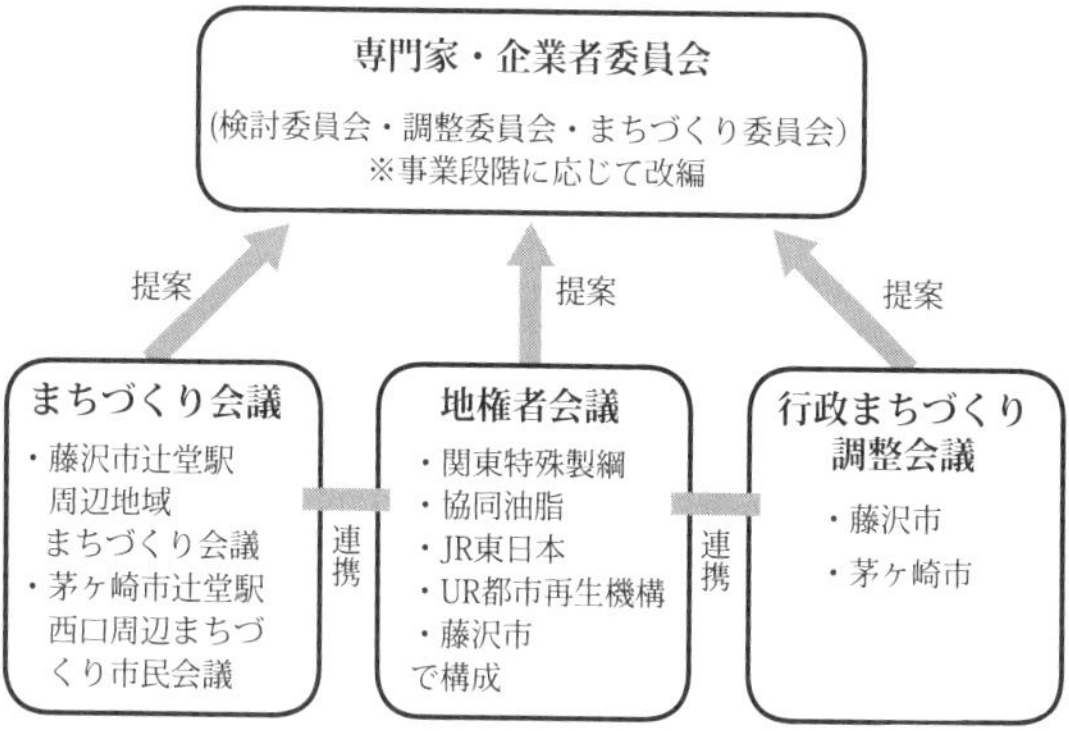

図９　パートナーシップの連携体制

力だけでは解決できない地域社会固有の課題があり、地域コミュニティ活動やＮＰＯが参加する機会が増えている。都市間競争が激しくなる昨今、都市の持続性を追求するために地域特性に合った独自の都市再生のあり方を自治体が検討する必要があるのではないか。市民参加によるまちづくり活動が成熟し、住み続けるための生活環境の維持・向上への関心が高まる中、積極的に地域資源や地域特性を重視した、行政・企業・市民のパートナーシップによる都市再生が必要ではないのか。

市民・地権者企業と行政によるパートナーシップの都市再生を進めていくためには、プロセスごとに議論する協議の仕組みが重要となる。具体的には、課題とビジョンを共有する必要がある。そこで、藤沢市が二〇〇三年七月に取りまとめた「都市再生ビジョン」（第三章で詳述）をたたき台に、地権者企業と市の協議の場、市民・地権者企業と市の議論の場、専門家・行政機関等との計画づくりの場や隣接する茅ヶ崎市と藤沢市との協議の仕組みをつくり、各々が目標に向かって協議し、提案をまとめ、コーディネーター役が計画のプロセスに沿って、相互間を調整しながら合意形成を行う方針とした。

本章では、プロジェクトの実現にあたり、まずパートナーシップの連携体制を見てみる。

2 信頼関係を醸成する「地権者会議」

地権者会議の役割と責任

関東特殊製鋼の撤退を受け、まず、関東特殊製鋼、協同油脂、UR都市再生機構などの四者の地権者と藤沢市による「地権者会議」が二〇〇三年四月に発足した。会議の論点は約二五haの工業専用地域内の大規模工場跡地を誰が、どのような仕組みで、事業資金の調達を図るかなどであった。その結果次のようなことが明らかになった。

①企業は長期にわたる事業では体力が持たない。スピード感を持ち、短期収益型の事業フレームを前提としたい。

②市は、地権者企業が工場跡地を民間事業者や金融機関などに売却する民間主体の開発には

したくない。市がまちづくりに関わるパートナーシップを追求したい。
③しかし、市は財政逼迫とバブル崩壊に伴う他の公共事業の処理で、「ヒト・モノ・カネ」の余裕がない。
④関東特殊製鋼とUR都市再生機構は将来的に土地を持ち続ける予定はなく売却処分をする。
⑤関東特殊製鋼は土地を売却してその利益をもって、企業再生資金を捻出する。
⑥協同油脂はこの機会に現在の場所で新たな企業経営を展開したい。
⑦そのためには工業専用地域の現状では開発利益が上がらない。新たな価値を生み出し、土地の潜在力を高める必要がある。
⑧UR都市再生機構は地権者企業から取得した土地の不良債権処理とまちづくりの公益性という二律背反をどう解決できるか。
⑨誰がコーディネーター役を担うのか。
そして、明らかになった「課題」を巡り、どのような事業フレームにしていくか、引き続き地権者会議で検討が行われ、関係者が以下のような合意点を見いだした。
①「都市再生ビジョン」をたたき台に地域価値を創造するプロジェクトを実現すること。
②パートナーシップの視点に立って、地権者企業と市が役割と責任を分担し、連携・協働し

てまちづくりを進めること。
③地権者企業と市は、開発事業費の応分の負担を原則とすること。
④工場の解体・更地化から三年で基盤整備を完成し、まちびらきを行い、五年目で多様な機能が集積する施設群のグランドオープンを目指すこと。
⑤住民参加によるまちづくりを実現し、地権者企業、市民と市がまちづくりの方向性を共有すること。
⑥技術、ノウハウ、財政状況から市が事業主体となることは困難であり、そのため技術・ノウハウ・人材を有するUR都市再生機構が、基盤整備の主体を担うこと。
⑦地域再生事業のコーディネーター役を市が担うこと。
その結果、二〇〇三年六月に市と地権者企業が協働してまちづくりを進めていく大方針を確認した「まちづくり検討調査協定」が締結された。

その後、地権者会議の活動は以下のように多岐にわたった。
①各種委員会・会議などの進捗管理に関すること。
②計画・事業の過程で、新たな合意事項について協定等を締結すること。
③企業誘致や事業コンペの実施機関としての役割を担うこと。
④都市再生の仕組みやまちづくりのルールについて検討・協議すること。

⑤事業資金計画、資金調達などの役割分担や開発利益の地域還元に関わる調整を行うこと。

地権者会議は二〇一一年五月まで存続し、それぞれの役割と責任を確認しながら信頼関係をもとに事業を先導した。計画づくりから企業誘致まで、この会議で合意がされなければ実現に向けた階段を登ることができない合意形成の重要な役割を担っていた。特に調整が難航したときには、関東特殊製鋼の青柳明良元社長、協同油脂土屋彪元副社長、UR都市再生機構神奈川地域支社丹上幸一元副支社長が各々の組織を説得したり、筆者に知恵を授けてくれたり、都市再生を実現するための連帯感が、いつの間にか醸成されていった。

地権者会議での三つの山場

計画・事業のプロセスの中で、地権者企業と藤沢市との間で大きな議論の山場が三回あった。第一は、土地利用計画、基盤施設計画を巡る議論である。地権者企業が提案した土地利用方針は、「産業関連機能ゾーン」「広域連携機能ゾーン」の面積が一に対して「複合都市機能ゾーン」面積が三の割合であった。主旨は、市場ニーズから都市型住宅、商業機能、娯楽機能等を重視し、売却リスクの伴う産業機能や広域連携機能を極力少なくすることであった。それに対して市は、多様な機能が集積する都市拠点の実現と都市構造の変化に対する諸課題を解決する視点から、新たに「医療・健康増進機能ゾーン」「産業関連機能ゾーン」「広域連携機能ゾーン」を提起し、公益・公共エリア面積と「複合都市機能ゾーン」面積を一対一にし、かつ、都市型住宅エリアを八〇〇戸程度に縮小する提案を行った。地権者企業からは、本社機能や研究所機能、高度先端医療機能等は、簡単に用地が売れるはずがない、用地が売れ残った場合誰が責任を取るのか、産業関連機能ゾーンは他のゾーンと比較して土地売却価格を低く押えないと売却が見込めないなど、土地売却と企業誘致の確実性、土地価格と事業採算性、土地が売れ残った場合の事業リスク負担のあり方等について反論がされた。基盤施設計画を巡っては、辻堂駅北口大通り線をシンボルロードとするための道路幅員の拡大や、北口交通広場の交通渋滞を抜本的に解決するための広場面積の拡大など、市の都市計画の視点から提案したが、地権者企業からは土地区画整理事業における公共施設用地が増加し、地権者企業の事業用地が縮小するという懸念が示された。

市はこれらの指摘に対して、土地利用に関しては、「藤沢市企業立地等の促進のための支援措置に関する条例」を制定し、企業が進出しやすい環境を整え、企業誘致を確実にするために組織を拡充して対処を図る。広域連携機能ゾーン内の一部用地を、市が広域連携機能施設用地として取得する。また、基盤施設計画の変更に伴う、公共施設用地の増加に対しては、事業用地は縮小するが、街区ごとに指定容積率に対する容積のボーナス制度（指定容積率に対して、環境への配慮や文化機能等の導入を前提に、容積率を一〇〇%から二〇〇%の範囲で増加させる制度）を創設することで、敷地内の当初の施設規模を上回る床面積が生み出せることなど、代替案を示すことでようやく協議が整った。

第二は、複合都市機能ゾーンの中央に位置する約六haの商業・文化・娯楽機能用地の土地売却を巡る議論である。仮換地指定（土地区画整理法により、従前の宅地に換えて、新たに使用収益することができる仮換地を指定する行政処分）を受けた地権者企業は、すぐにでも、土地売却を希望する数社のディベロッパーに対して競争入札方式で売却したい意向を表明した。一方、市は交流人口拡大の装置となる地域づくりの核として、基盤整備への公的資金の負担と市民の利便性や公平性の確保の観点から、都市再生のコンセプトに基づく「事業提案型コンペ」の実施を提案した。様々な議論が展開され、地権者企業の土地売却権の遵守、魅力ある複合都市機能ゾーンの実現の視点から、地権者企業・UR都市再生機構・専門家と市による「審査委員会」を設置し、事業コンペを行うことになった。事業コンペを二段階方式とし、委員会が最優秀提案企業を優先交渉権者として選定し、その後地権者企業が交渉権者と土地売却協議を行う方式で、コンペが実施された。

第三は、開発計画に対する事業費負担を巡る議論である。基盤施設計画に基づく整備事業費は約三〇〇億円以上と試算され、土地区画整理事業に伴う国庫補助金の導入、区域外に延伸する辻堂駅北口大通り線と辻堂神台東西線の事業費負担、辻堂駅ホーム拡幅改良に伴う事業費負担、開発地区周辺地区の環境整備費負担などの調整が難航を極めていた。議論は開発投資資金の手当て、スピードの持続と地域価値を高めるための規制緩和と制度・仕組みの改善・拡充など多岐におよんだ。

3　市民協働による「まちづくり会議」

辻堂駅を利用する藤沢市民、茅ヶ崎市民にとっても、広大な工場跡地がどのように開発されるかは一大関心事であった。そこで市民の目線から地域資源を再発見し、新たなまちの価値を創造して、計画に参画する仕組みとして「藤沢市辻堂駅周辺地域まちづくり会議」と「茅ヶ崎市辻堂駅西口周辺まちづくり市民会議」が設置された。

藤沢市辻堂駅周辺地域まちづくり会議

藤沢市辻堂駅周辺地域まちづくり会議（以下「地域まちづくり会議」という）の構成は、辻堂・明治・大庭地区の自治会、商店会、工業会、市民団体の代表二〇名とコーディネーター二名（都市デザイナーの菅孝能と地元出身建築家の西田勝彦）で組織した。地域まちづくり会議は地域・市民の視点で地域の課題や地域資源の価値を発見して、湘南C-Xのまちづくりに意見・

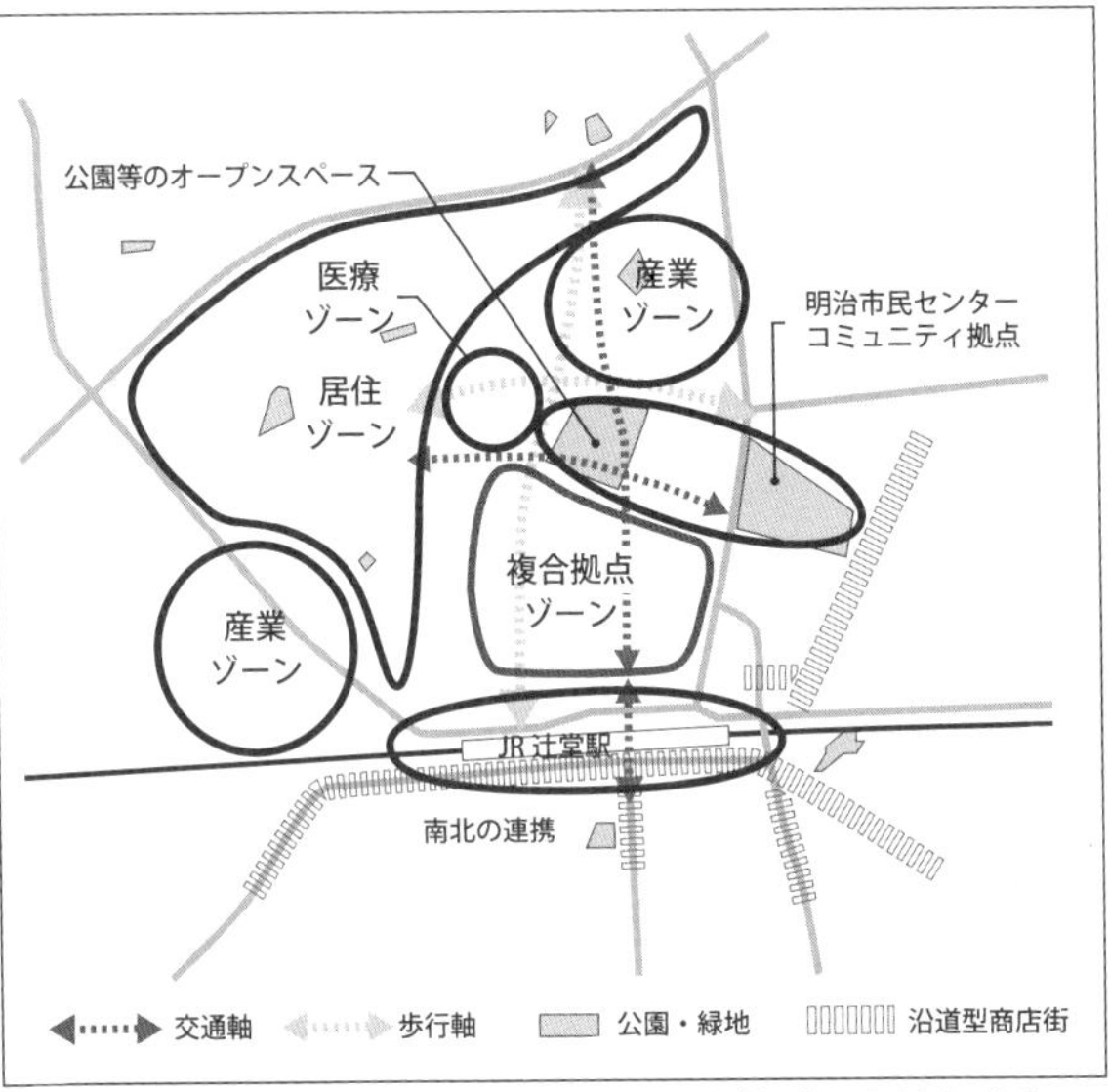

図10　藤沢市辻堂駅周辺地域まちづくり会議が提案した将来ビジョン
藤沢市「湘南C-X」より作成

提案を行い、地域合意でまちづくりに参画する場であり、湘南C–X都市再生プロジェクトへの市民監視機能も果たしている。地権者企業やUR都市再生機構もオブザーバーとして参加した。

地域まちづくり会議は、二〇〇三年八月に発足以来、現場のフィールドワークやワークショップ、市民アンケート調査から跡地に対する期待と希望などの意見を集約して二〇〇四年二月に「私たちが考える辻堂駅周辺地区の将来ビジョン」を基本計画策定に先立ち行政と地権者企業に提案し、その考え方は計画に取り入れられた。

発足以来、二〇一一年三月まで、地域まちづくり会議は三五回の会合が行われた。提言後の活動は、「辻堂駅周辺地区まちづくり方針（案）」に対する地元意見の集約、市民向けの広報「辻堂駅周辺地区まちづくりニュース」の編集・発行への関与、茅ヶ崎市民と藤沢市民の「市民合同会議」や「まちづくりフォーラム」の企画・開催、事業の進捗状況に応じて事業への意見提言、都市計画公聴会等の調整、地域まちづくり会議と地区住民との意見交換会など、住民参加によるまちづくりを推進するための多くの役割を担ってきた。

この地域まちづくり会議を通じて、地元商店街による活性化に向けた取組み、市民が中心となって地域の魅力を発信する明治地区まつりの開催、駅南口既成市街地の活性化を目的とした辻堂駅南口周辺地区まちづくり協議会など、様々な市民主体のまちづくりの機運が広がっていった。

茅ヶ崎市辻堂駅西口周辺まちづくり市民会議

茅ヶ崎市辻堂駅西口周辺まちづくり市民会議（以下「まちづくり市民会議」という）は、工場敷地に隣接し、辻堂駅を利用する茅ヶ崎市の自治会、商店会、住民団体代表など二〇名と行政関係者で構成され、二〇〇三年十月に発足以来二〇回開催され、自ら住むまちの課題・問題発見のフィールドワーク、土地利用転換に伴う市民アンケート調査などを実施した。

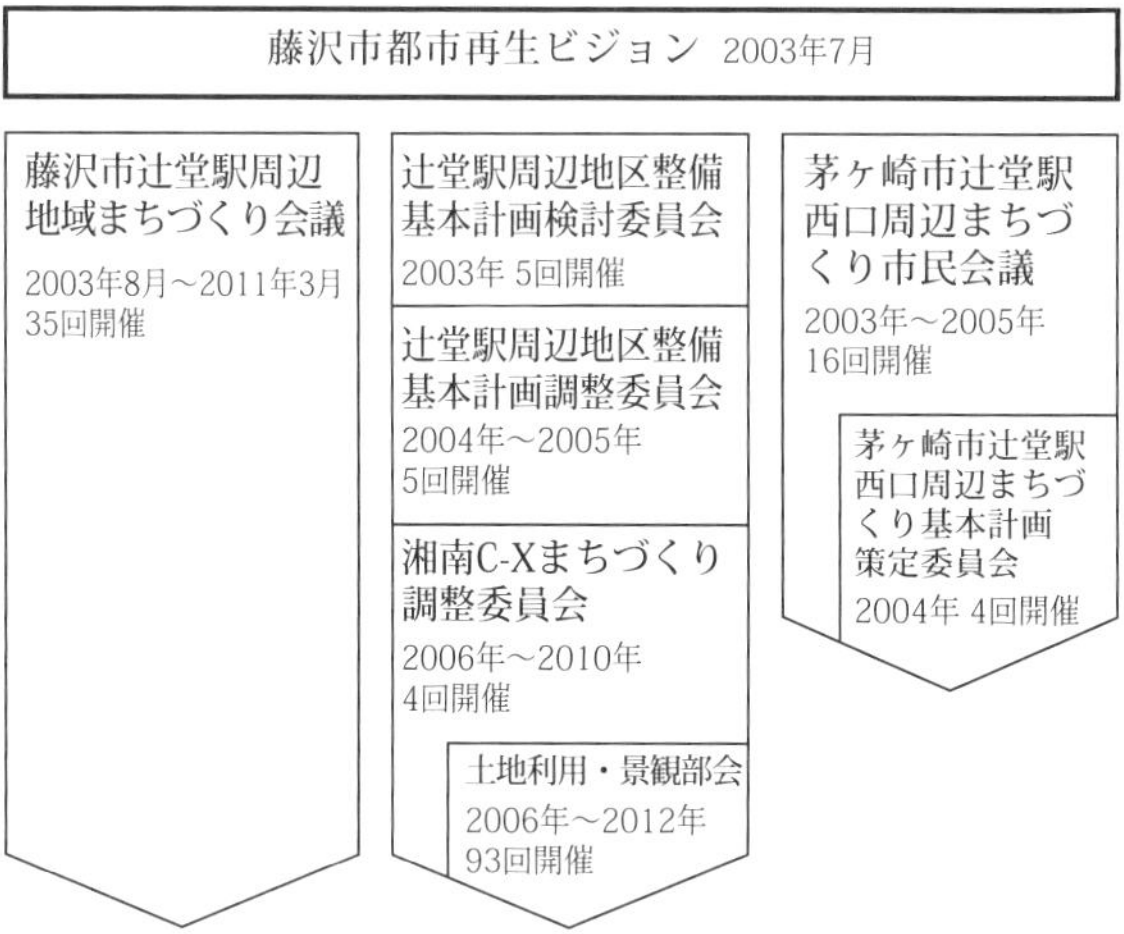

図 11　湘南 C–X の計画づくりの取組み経過　藤沢市「湘南 C–X」より作成

活動は工場跡地のまちづくりへの提案に留まらず辻堂駅西口周辺地区のまちづくりへと発展し、専門家、地域市民代表、各種活動団体と行政（茅ヶ崎市・藤沢市）で組織する「茅ヶ崎市辻堂駅西口周辺まちづくり基本計画策定委員会」に、茅ヶ崎市域の西口周辺地区のまちづくりの基本計画、駅機能の強化・改善などについて意見・提案を行った。まちづくり市民会議は、基本計画検討委員会での検討と連動して、西口周辺まちづくり基本計画の検討、地域まちづくり会議と合同の意見交換会、「西口周辺まちづくりニュース」の編集・発行などの活動を通じてまちづくりの機運を盛り上げる役割を担ってきた。

二つのまちづくり会議による市民力

工場跡地の土地利用転換を契機に、行政区域が異なる二つのまちづくり会議が連携・協働し、共通する課題の解決や事業の推進に取り組んだ二つの事例を紹介する。

第一は、一一案件の都市計画決定手続きである。辻堂駅周辺地区整備計画と都市再生緊急整備地域指定に基づき、都市計画主体である藤沢市が国・県等と調整をしながら一一案件の計画手続きを進めるとともに、地域まちづくり会議や地域の自治会・町内会・商店街などと連携し、都市計画案の説明をプロセスごとに行い、市民の意見・提案の集約を進めていった。また、隣接する茅ヶ崎市でも同様にまちづくり市民会議等の協力を得ながら茅ヶ崎市民の意見・提案の集約を並行して進めていった。しかし、六か月の短い都市計画手続きスケジュールでは合意形成の困難が予想された。そこで威力を発揮したのが市民と行政が連携・協働する二つのまちづくり会議であった。市民が市民に対して新しいまちづくりのコンセプトや都市再生の意義、市民生活が豊かになり様々な社会的便益を享受できることなどを説明して、市民合意の形成に大きく貢献した。その結果、合計一一案件の都市計画変更、都市計画決定が迅速に行われ、二〇〇五年十二月に都市計画決定・変更の告示が行われた（第三章5節参照）。

第二は、開発区域境の道路環境整備に関わる調整である。開発地区周辺の西側は茅ヶ崎市の低層住宅ゾーン、北側は藤沢市の工業・住宅複合ゾーン、東側は産業ゾーンに面している。この地域は関東特殊製鋼や旧スミハツなど戦前から工場が集積した地区であった。戦後、開発地区周辺の農地が住宅地や基幹企業の下請け工場などに土地利用転換され、計画的に整備されたエリアとスプロール的に宅地化されたエリアが混在している。

事業地区周辺の北・西側ゾーンは人と車が混在する狭隘道路で、特に事業地区境の道路は辻堂駅に向かう歩行者動線として通勤時間は人で溢れ、歩道がなく通過交通も流入する危険な道路となっており、都市再生を契機に、安全･安心な道路にしていくことが急務の課題であった。

茅ヶ崎市の西口周辺まちづくり基本計画では、湘南C-Xの用地を活用して緑豊かな歩道空間を確保した地区生活道路として整備する方針が位置付けられていた。

この方針に基づき、まちづくり市民会議、茅ヶ崎市・藤沢市とUR都市再生機構、都市デザイナー等による合同会議を設置し、安全・安心の道づくりの検討を行った。都市デザイナーから、市境にまたがる約七mの現況道路幅員と土地区画整理による五mの用地を活用して、茅ヶ崎市側に二mの歩道、道路幅員五m、東側は五mの緑陰歩道からなる魅力ある道路空間の計画案とイメージ模型が提案された。様々な議論を重ね、雨水処理の改善、街路灯の新設などを盛り込んで、集合住宅エリアの外部空間と一体となった緑あふれるプロムナードとして整備されることになった。

また、藤沢市域の事業地区東側及び北側境界部の既存道路についても、土地区画整理によって狭隘道路を幅員五mに拡幅する方針に基づき、地域まちづくり会議を中心に近接住民、藤沢市、UR都市再生機構と都市デザイナーによる合同会議が設置された。課題は都市再生による流入交通・通過交通に対して安全・安心な歩行機能の確保であった。都市デザイナーから、東側道路のボンエルフ化（人を優先した車と人の共存道路）、北側道路は道路拡幅用地と宅地の壁面後退を活用した緑陰歩道が提案された。特にボンエルフ化についての提案を巡り様々な意見が出され、ボンエルフを取り入れている事例の視察、交通量調査による将来交通量予測、近隣住民アンケート調査等の中で意見が集約された。その結果、東側道路は自動車の通行を抑制して歩行者と自動車が共存できる道路として、自動車の走行速度を低下させる狭窄やハンプ（こぶ状の凸部）を設置する構造とし、沿道の街角広場・小公園と一体化した「たまり空間」を設ける等によるボンエルフに整備された。

こうして、事業地区外に交通負荷を与えないよう、周辺道路を緑陰歩道やボンエルフに改良して、既成市街地の生活環境の改善が行われた。

4　パートナーリングとしての「専門家・企業者委員会」

パートナーリングとは耳慣れない言葉だが、都市計画・土木・建築・ランドスケープなどの知識を有する専門家と企業経営・行政経営等の実務に関係する分野が連携して、まちづくりを進めて行く仕組みである。通常、自治体には法律に基づき行政から諮問された事項を審議する審議会や、市長の求めに応じて地域福祉計画・都市マスタープラン等の計画を立案する委員会・懇談会と称する機関が多く存在する。そのいずれも、行政が描くシナリオに沿い形式的に議論されることが多いが、湘南C-Xの専門家と企業者等による検討委員会・調整委員会は、通常の委員会と異なり、委員の主体性のもと知恵と工夫を凝らし、実践する委員会として、パートナーリングによる専門家と実務家の実践力が発揮された委員会といえる。

基本計画の策定は、学識経験者、地権者企業、神奈川県、藤沢市、茅ヶ崎市、JR東日本、UR都市再生機構や地元経済関係団体等が参画した辻堂駅周辺地区整備基本計画検討委員会（二〇〇三年七月発足）がその役割を担った。委員会では、二つのまちづくり会議からの「私たちが考える辻堂駅周辺地区の将来ビジョン」「工場跡地のまちづくり提案」を都市再生ビジョンに具体化するイメージとして受け止め、パートナーシップによる都市再生戦略の進め方と仕組みなどを中心に議論が進められた。

次いで、二〇〇四年八月に「検討委員会」を模様替えした辻堂駅周辺地区整備基本計画調整委員会（以下「調整委員会」という）において、整備計画、事業フレームなどの検討が行われた。その後、事業計画に関する調整等を行うために、「調整委員会」を衣替えした「湘南C-X

まちづくり調整委員会」が二〇〇六年六月に設置された。専門家・企業者の調整組織は都市再生事業の進捗に併せて、三つの委員会が設置され役割を変えながら深化した。三つの委員会は黒川 洸《たけし》東京工業大学名誉教授に委員長を継続的に担っていただいた。

　地方都市の都市再生事業では、市民、地権者企業、行政からの様々な意見を束ね、利害、市場性、財政、資金、仕組み等を熟知し、各主体からの信頼と現場を捌く調整能力が備わらないと「コト」は動かない。その実践的調整力とは、計画や方向性を具体化するための現場サイドとの瀬踏みである。はじめに地権者企業、UR都市再生機構、市などからの様々な意見、要望を個別に聞くなどして、親身に相手方の思いを汲み取ることである。次に、地権者企業、市、UR都市再生機構やJR東日本相互の調整困難な事項を整理し、方向性のもと関係者を合意に導く分析力である。そして、地権者企業に対して開発利益のある程度を都市再生資金として負担する意義の説明、UR都市再生機構に対して技術力・ノウハウ・資金調達力を活用して、地方都市の開発モデルを実現する事業主体の役割を担うよう粘り強く説得を行う交渉力である。委員長は都市再生事業の始動期から実践期に至る各段階で調整力を発揮し、都市再生事業を進展させたと言っても過言ではない。

5　自治体連携としての「行政まちづくり調整会議」

事業地区が藤沢市・茅ヶ崎市の市境に位置するため、交通計画・土地利用計画・環境・開発等に関わる両市で異なる規制・誘導基準の調整、市民要望の対応、駅機能の強化・道路交通ネットワーク等の都市基盤整備、事業費負担割合の調整、議会対応など様々な課題が想定された。このような二市にまたがる調整と市域を越えた広域的な課題に協働するため、両市でまちづくりを推進する仕組みとして「行政まちづくり調整会議」（以下、「調整会議」という）が設置された。

通常であれば、自治体間にまたがる課題や利害を調整するには、神奈川県が中心的役割を担いながら調整を行うのが慣例となっていた。当然、時間も長期にわたる。しかし、地方分権改革の潮流が大きなうねりとなり、市民自治の拡充や自治体経営の改革が重要課題となり、事業はスピード感を持って望まなければならないことなどから、首長が協議して両市間で連携・協働して問題解決にあたることとした。

茅ヶ崎市は、いち早く都市再生事業を推進するための専門の担当を置き、実務レベルでの藤沢市側との調整を担う仕組みを用意していた。議論は実務者レベルで課題を検討し、調整会議で方向性を明らかにする二層構造で進められた。調整会議は両市の担当副市長・担当部長・課長など八名で構成し、当該開発計画が完成するまでの間、定期的に開催された。

地域課題に関するテーマは検討の結果、何点かに整理された。第一は、辻堂駅の環境改善である。辻堂駅西口改札口の朝夕の混雑解消、茅ヶ崎側東海道線ホームの狭小スペースの改善による安全・快適性の確保、将来の輸送力増強用地の確保に関すること。第二は、茅ヶ崎側南北跨線橋の改善である。幅二mの跨線橋の南北降り口は道路に面し、違法駐輪や人と車が混在している危険な状況の環境改善に関すること。第三は、開発予定地区に隣接する辻堂駅西口住宅地の生活環境の改善に関すること。第四は、辻堂駅西口周辺地区の工業や住宅、商店が併存する地域全体の地域再生に向けた、将来の土地利用・基盤施設のあり方などの地区グランドデザインの検討に関することであった。

都市再生事業の進捗に合わせて、両市間の協働事業は推進され、四つの地域課題を解決に導いた。辻堂駅ホームの拡幅、西口跨線橋と西口改札口の改良は湘南C-X都市再生事業の中で実施され、辻堂駅西口周辺のまちづくりのあり方については、茅ヶ崎市が住民参加による委員会を設置し、都市再生を茅ヶ崎市側でも進めていく方針を明らかにした。

調整会議の成果は次の通りである。

①意思決定ができる会議体として、スピード感を持って課題解決に当たれたこと。

②両市が協働して、国・県・ＪＲ東日本等に対して、要望・要請を行ったこと。
③都市再生ビジョンを共有し、両市が広域的観点からそれぞれのまちづくりを進めたこと。
④役割と責任を分担して各々がその目的を達成できたこと。
⑤各行政が行う役回りと事業費負担がスムーズに解決されたこと。
⑥市民対応、議会対応に関して協働して対処できたこと。

このことが一つの契機となり、一自治体で解決できない課題や行政サービスの向上・効率化などを図るために広域都市連携への機運が高まり、二〇一〇年三月に、藤沢市・茅ヶ崎市・寒川町による「湘南広域都市連携協議会」の設立へと広域連携の輪が広がっていった。市域を超えて共通する課題を解決していくための自治体間の都市連携は、今後の広域的まちづくりを進めるうえでの大きな原動力となりえる。

6　パートナーシップ・マネジメント

最後に、地権者会議、二つのまちづくり会議、専門家・企業者のまちづくり調整委員会からパートナーシップに基づくマネジメントについて何を学んだかを振り返ってみたい。

様々な会議主体が協働してまちをつくりあげていくうえで大切なことは、常に「責任と役割」

を分かち合い、協働・連携によって物事を進めていくことである。そして物事を進めていく上で不可欠なことは信頼関係の構築である。信頼関係は一夜にして出来上がるものではなく、参加者が聞く耳を持ちながら、自らの考えも主張し、様々な議論を通じて一つの方向性を導くプロセスの中で自然に醸成され、信頼関係が持続性へとつながっていく。

その「信頼関係」を築くために、湘南C-X都市再生事業から得た、パートナーシップの形成に当たっての基本的視点について整理する。

①地域の課題と問題を共有すること。

②専門家・技術者・企業等とのパートナーリングを形成すること。

③委員長にまちづくりの理論と実践的まちづくり力を兼ね備えた専門家を招くこと。

④コーディネーターは、事業全体の統括、市民会議の調整、創造的デザイン協議の調整、事業の仕組みの調整など、場面や事業の進捗に応じて複数の人が役割を担い、つなげていくこと。

⑤市民・市民ボランティア団体・ＮＰＯ・活動団体・大学・企業等の様々な主体が持つ能力を活用すること。

⑥様々な主体が持つ情報の共有と積極的な情報発信を行うこと。

⑦既得権益を諌め、新たな価値を創り共有すること。

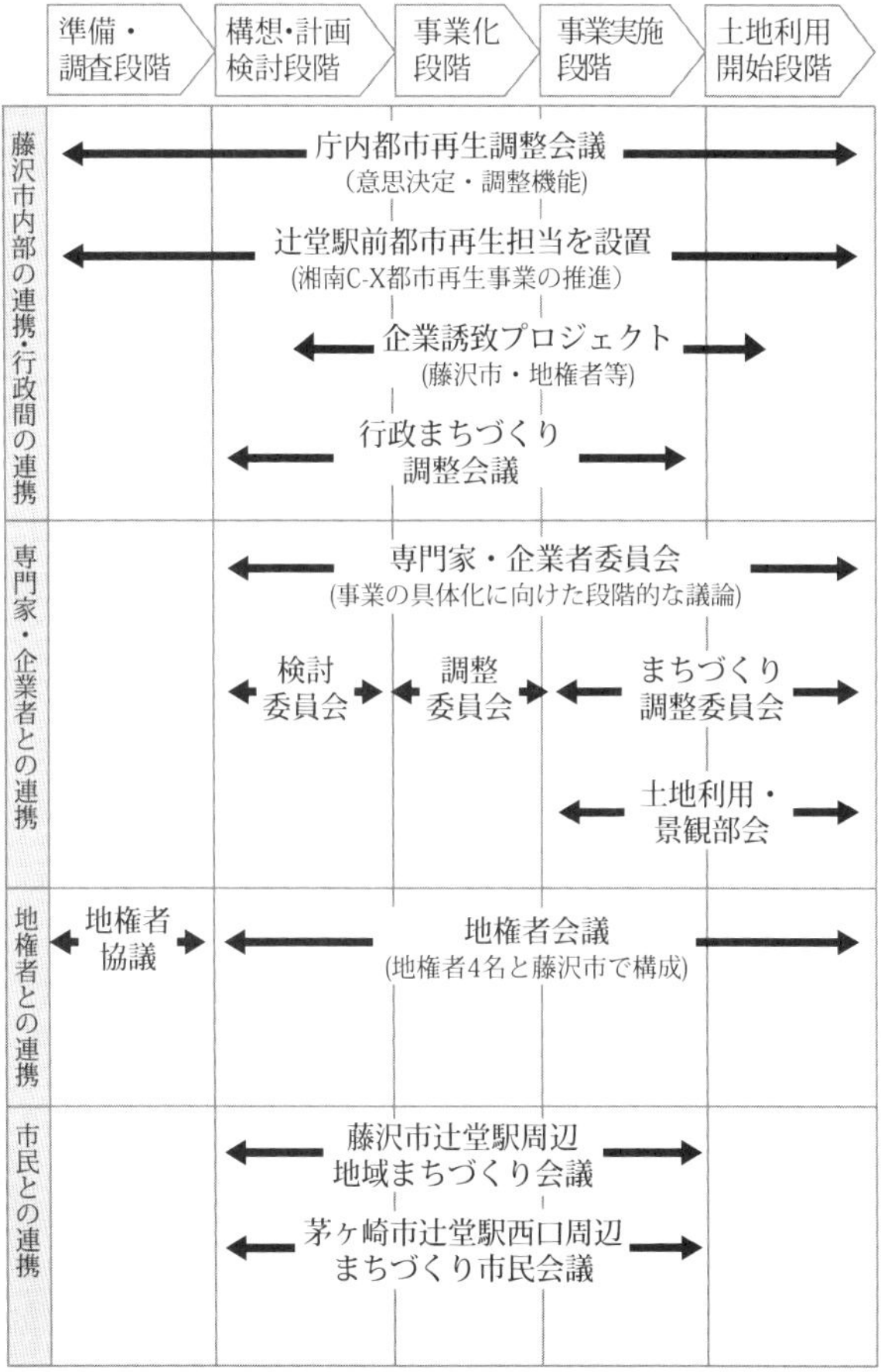
準備・
調査段階
構想・計画
検討段階
事業化
段階
事業実施
段階
土地利用
開始段階
藤沢市内部の連携・行政間の連携
庁内都市再生調整会議
（意思決定・調整機能）
辻堂駅前都市再生担当を設置
(湘南C-X都市再生事業の推進）
企業誘致プロジェクト
(藤沢市・地権者等）
行政まちづくり
調整会議
専門家・企業者との連携
専門家・企業者委員会
(事業の具体化に向けた段階的な議論）
検討
委員会
調整
委員会
まちづくり
調整委員会
土地利用・
景観部会
地権者との連携
地権者
協議
地権者会議
(地権者4名と藤沢市で構成）
市民との連携
藤沢市辻堂駅周辺
地域まちづくり会議
茅ヶ崎市辻堂駅西口周辺
まちづくり市民会議

図 12　湘南 C–X のパートナーシップの仕組み

⑧活動が成果に結びつくことを皆が確認できるよう「まちのかたち」の見える化を図ること。

多様な主体の意見を調整し、他の意見を尊重しながら、最大公約の視点から、時にはリーダーシップを発揮して、一つの答え、方向性を導き出していくためには、コーディネーターの役割が重要となる。コーディネーターは異なる利害の調整、制度・仕組みの改善など主体間の橋渡し役、議論が紛糾しなかなか方向性が見えないときには、折衷案・第三の方向性などの提案、機敏な役回りと指導性が求められる。そして最も大切なことは、それぞれの参加者には居場所があり、参加者一人ひとりの役回りが存在することを忘れてはならない。

（長瀬光市）

第三章

まちを変える
都市再生シナリオをどう考えたか

北口大通り線　広い歩道には緑と空の広がりがある

1　都市再生のシナリオを描く

筆者が湘南C－Xに関わることになったのは、二〇〇三年三月、山本捷雄《かつお》藤沢市長（当時）が三選を果たした直後、工場跡地の都市再生に向けた舵取り役を担って欲しいと告げられた時からである。大役を任され、何日も何日も、何をどうしたらよいか悩み、様々な友人にも相談するなど、考えあぐねる日々が続いた。その間、地権者企業の皆さんとも面談し、彼らの思いや意向も聞いた。跡地の土地利用転換は第一義的には民間の開発行為である。ただし、その立地が辻堂駅前という藤沢市都市計画マスタープランで都市拠点に位置付けられている場所であることから、単なる通常の開発行為の手続きで進めていいのか、大きな判断が要求されたのである。

まず通常の開発での進め方を考えると大体次のようになるだろう。跡地の現都市計画用途地域が工業専用地域（工場・倉庫や事務所以外は建てることが出来ない地域）であるので、この用途地域を藤沢市に変えてもらわねばならない。開発事業者は全体の開発計画を立てて、それに沿った都市計画の変更を提案する。おそらく、開発案は大規模マンション団地になるだろう（実際、地権者から最初に示された案はそうだった）。地権者は早く土地を処分してその資金で企業再建を図りたいし、土地を買った開発事業者は、可処分容積が大きく早期に資金回収できる分譲マンション開発が手っ取り早い。市の開発基準に沿った必要最小限の公共施設（道路・公園・駅前広場等）を確保し、ありきたりの駅前スーパーマーケットを整備すれば良い。どこにでもある駅前のちょっとした団地商店街が出来るだけで雇用創出力もたかが知れて、都市拠点というには寂しい限りだ。それに、大規模団地が出来れば、入居家族の子弟を通わせる学校が必要になる。それも学齢期が過ぎれば通学児童は大きく減って、市のお荷物にもなることは、各地の団地やニュータウンで経験してきたことだ。何十年か経てば、団地そのものが入居者の高齢化で、市の都市経営の足を引っ張ることにもなる。市の都市経営上負担になりこそすれメリットは殆ど無い。

一方、市が主導権を発揮して、辻堂駅周辺地区の地勢や湘南の高いブランド力を活かした開発構想を示して、地権者や開発事業者と役割分担しながら事業を進めたらどうだろう。都市計画の変更権は市にあり、地権者が「いや」とは言えないはずだ。事業に必要な資金も市が参画すれば、国の補助金も導入できる。お金のない地権者にとってもメリットがある。色々ハードルの高い所はあるが、市の将来にとって、最初の選択より遥かに良いはずだ。筆者達はそう考えた。

市長との再打ち合わせで、筆者は市長に、このような比較判断をもとに五つの提案をした。「市主導のもと、地権者企業と協働でまちづくりを行う」「構想段階から徹底した市民参加を実現させる」「市は口も出すけれど地域の将来に必要としたカネも出す」「市は施行主体にならない」「スピード感を持って事業を進める」ことを申し出て、了承を得た。この方針は、後に本プロジェクトを推進する上での拠り所となった。

そして市全体の都市再生から辻堂駅前地区のまちづくりにおける役割を考え、構想を練るために、低成長・成熟化時代を見据えた都市の考え方の枠組みについて、ひとつの仮説を立てた。辻堂駅周辺地区の都市再生ビジョンを描く前提として、まず必要なことは、自治体や地域社会の抱えている課題を示し、地域資源のストックの現状をしっかりと把握し、弱みと強みを明らかにすることである。

都市には市民の資産である「地域資源」と行政が持つ市民財産である「経営資源」が存在している。地域資源とは自然資本・人工資本・人的資本・社会関係資本で構成される。行政の経営資源は「ヒト・モノ・カネ」で、ヒトは職員力、モノは、道路・公園・下水道や公共施設などの社会資本と公共用地、カネは市民税等を主とする財源である。

その地域資源や経営資源を洗いだすことで、「磨きをかける資源」や「危険を回避する資源」を抽出する。「磨きをかける資源」は、東海道沿線では二度と出現しない駅前に面する貴重な土地、潜在的な「湘南」というブランド力、県内でも有数の高質・肥沃な消費マーケットなど埋もれている魅力的資源などである。また、「危険を回避する資源」は、当時、藤沢市の市債(借金)の残高は約一六〇〇億円以上におよび、長期間を要している土地区画整理事業への再投資の必要性などから財政が逼迫し、藤沢駅北口再開発事業のように、市施行による公共事業は、リスクが多く、財政破綻を招く恐れがあることなどである。

次に現在の社会経済状況が続くとし、このまま手をこまねいた場合の地域問題の最悪の展望図を想定してみる。そして、地域資源や経営資源、地域特性・個性の再評価をして、まず予測される危険を防止、予防する施策のあり方を明らかにする。その上で、市民の望むまちづくりや地権者企業の必要最小条件の実現のために何が可能か、新たな地域価値向上を図るために何が必要か、という道筋を示し新しい計画策定の手法や事業の仕組みを開拓することが必要となる。

2 「都市再生ビジョン」を描く

まず、藤沢市が手をこまねいて都市経営施策を放置した場合に予測される地域問題の最悪の展望図、いわゆる「地獄絵」を描いてみる。

第一は、「産業構造と雇用」に関して、企業のグローバル化に伴い産業構造の変化は著しく、東海道本線沿いの製造業を中心に、工場閉鎖・撤退が相次ぎ、雇用の喪失、工業生産出荷額が減少し、産業構造の空洞化と市民の雇用の場が減少することが予測される。

第二は、「商業環境と消費流出」に関して、郊外地への大規模量販店の出現や都市間競争の激化により市外への消費流失が生じ、藤沢駅周辺商業地や近隣商店街の空洞化、衰退が進むことが予測される。

第三は、「市民生活」に関して、非正規雇用の増加と所得格差の拡大により、女性の社会進出が増加し、そのことにより、子育て・医療・教育等の行政サービス需要や高齢者の増加に伴う介護・健康・福祉・医療等の行政サービス需要の拡大が予測される。

第四は、「行政の財政運営」に関して、産業構造の変化、生産年齢人口の減少により市民税などが減少し、他方で、多様化する行政サービス需要や、社会インフラ（道路・橋・下水道・公共施設等）が老朽化の時期を迎え、それに対する再投資の必要性から、歳入が減少し、歳出が増加する慢性的な財政逼迫が予測される。

第五は、「地域構造」に関して、工場跡地の土地利用転換に伴い、既存道路網や公共交通への負荷が高まり、交通渋滞や駅機能が飽和状態に達する危険な状況が予測される。

このような将来の最悪展望を放置し、対策を講じなければ、都市の自立と持続可能性が失われることになる。

次に、このような将来の最悪展望を未然に防ぎ、地域の活力を創出するために、大規模工場跡地の土地利用転換を契機に、都市再生に導くための方向性や戦略からなる「都市再生ビジョン」の策定を行った。

市が、二〇〇三年七月に取りまとめた「都市再生ビジョン」の概要は、三つの戦略として、経済の根幹である産業力を強化するための新しい「産業集積拠点」、将来の都市連携・広域行政を視野に入れた「広域な都市活動連携の形成拠点」、成熟した湘南の環境と文化を基礎とした「都市経営拠点」を掲げた。その戦略を具体化するための方向性として、六つの方向性を明らかにした。

①都市間競争に生き残るために、雇用の場と昼間人口の拡大を図る。
②行政経営の財政基盤を高めるために、安定的な税収を確保出来る施設・機能を導入する。
③望ましい土地利用転換を誘導するために、道路・交通広場・駅機能等の都市基盤を強化する。
④開発地の都市空間の質を高め、魅力的な景観形成によって、地域価値を高める。
⑤湘南ブランドを活用して、辻堂ならではのライフスタイルを発信し、「質」の高い、好感度な街を創る。
⑥開発リスクを回避するために、スピード感を持って短期間に都市再生を実現する。

後に、この「都市再生ビジョン」がベースとなって、湘南C-Xのまちづくりが進められていく。当時、筆者達は、都市再生ビジョンの策定作業に関わり、取りまとめの役割を担っていた。いま振り返ってみると、計画期間中にリーマンショックなどの社会経済の変化に見舞われたが、辻堂地区周辺の地域構造と地域資源に着目し、地域価値を高め、身の丈に合った、都市再生の実現可能性を一貫して追求したこと。課題として「雇用の場の確保」「税収源の確保」「消費の市外流失への歯止め」を掲げ、首都五〇㎞圏内の駅前の立地特性を活かして、多様な機能を集積し、湘南ブランドに磨きをかける戦略を持って、短期間で実現に導く方向性は、基本的に正しいビジョン設定だったと思っている。

3　辻堂駅周辺地区整備基本計画（基本となる計画）

通常、都市の計画をつくる場合、段階的に「基本構想・基本計画・実施計画」からなる、三つの計画をつくることで熟度を高め計画を実行する方法がとられている。基本構想とは、これからしようとする物事について、その内容、実現の方法など考え方の骨組みで前節の「都市再生ビジョン」がこれに該当する。基本計画とは施策や事業における基本的な方針と内容を定めた基本となる計画であり、「辻堂駅周辺地区整備基本計画」である。実施計画とは基本計画で掲げた理念・将来像を実現するための計画であり、「辻堂駅周辺地区整備計画」がこれにあたる。

地区の将来像

まちの活動が育てる地域の先導的な産業拠点	多様な都市活動が広域的に連携する拠点	湘南ならではのライフスタイルを展開・発信する拠点

湘南バリュークラスター
湘南の豊かな自然と生活文化に、
新成長産業が融合して育まれる
「高度な広域連携拠点」

まちづくりのコンセプト

産業・文化・生活を広域に連携する「高度複合拠点」	地域・企業・市民の個性を創造する多様な「機能性」	快適な自然・都市環境を創造する永続的な都市経営
①広域的なサービス拠点 ②次世代型のビジネス拠点 ③広域交通結節拠点	④創造的な文化のショーケース空間 ⑤魅力的な都市環境	⑥緑のエコシティ ⑦持続性のあるまちづくり

図 13 地区の将来像とまちづくりのコンセプト 藤沢市「湘南 C-X」より作成

藤沢市は基本構想である「都市再生ビジョン」を大至急策定した。そして、計画策定に先立ち、二〇〇三年六月に市と地権者企業の間で「まちづくり検討調査協定」（通常、行政と企業による共同調査を行う場合、費用負担と調査内容を記した協定等を締結する）を締結した。これは先に述べた通りである（第二章2節参照）。

「都市再生ビジョン」を地権者企業や市民・地域住民が共有して、工場跡地だけでなく周辺市街地も含めた基本計画の立案をするために、企業、市民、専門家と行政による協働のまちづくりの体制がつくられた。

二〇〇三年七月に組織された検討委員会に地権者企業、神奈川県、藤沢市、茅ヶ崎市、JR東日本、藤沢市商工会議所が参画し、翌二〇〇四年二月に「辻堂駅周辺地区整備基本計画」（以下「基本計画」という）を策定した。

基本計画は、「地区の将来像」「まちづくりのコンセプト（基本理念）」「都市空間形成の方針」「都市デザイン方針」から構成されている。

「地区の将来像」は地区を、「湘南バリュークラスター　湘南の豊かな自然と生活文化に新成長産業が融合して育まれる高度な広域連携拠点」と位置づけ、それを実現するために三つの将来像として「まちの活動が育てる地域の先導的な産業拠点」「多様な都市活動が広域的に連携する拠点」「湘南ならではのライフスタイルを展開・発信する拠点」の方針を定めた。

4　辻堂駅周辺地区整備計画（実施するための計画）

基本計画の策定を受け、都市再生を実現するための実施計画の検討にあたり、住民参加と地権者企業との協働のまちづくり（パートナーシップのまちづくり）を実現するため、市民・地権者企業と藤沢市が、実現の仕組みの方向性を共有し、その方向性を実施計画に反映させる必要があった。そのために、市民と市、地権者企業と市による会議が持たれ、二〇〇五年七月に「辻堂駅周辺地区まちづくり方針」（方針の内容については第四章で説明する）が策定された。

開発規模の大小を問わず通常の開発計画は、地権者との協議や専門家と行政による会議で立案される。これが、市民が知らないうちに開発計画がつくられたと非難されるゆえんである。湘南C-Xの開発計画のように、市民・地権者企業と市による、整備計画立案の前提となる「まちづくり方針」を、徹底的な参加方式でつくりあげた事例は、全国を見渡しても恐らく無いであろう。ここにパートナーシップのまちづくりの一つの特徴がある。

基本計画を策定した検討委員会を模様替えした調整委員会を二〇〇四年八月から〇六年二月にかけて設置した。調整委員会の目的は、基本計画でかかげた「地区の将来像」「まちづくりのコンセプト」「都市空間形成の方針」「都市デザイン方針」、ワーキング会議で別途検討された「新しい公共のモデル」、市民・地権者企業と行政により並行して検討が行われている「まちづくり方針」を睨みながら、これらの枠組みを実現するための整備計画を策定することであった。一年六か月におよんだ議論を通じて、「土地利用計画」「都市基盤整備計画」と「パートナーシップの仕組み」から構成された辻堂駅周辺地区整備計画（以下、「整備計画」）の検討が行われ、二〇〇六年二月に策定された。以下、検討にあたっての視点や論点、取りまとめられた整備計画の概要を説明する。

整備計画検討にあたっての論点

第二章2節の「地権者会議での三つの山場」で、土地利用計画や都市基盤整備計画を巡る論点を紹介したが、調整委員会でも専門的・経営的視点から土地利用計画などの検討において様々な議論が展開された。

はじめに土地利用計画での議論の論点は、実現性を巡って多岐におよび様々な意見が交錯した。

①低経済成長時代において多様な機能の集積を図ることが可能なのか、特に駅前に新たな研究機能・新産業や高度先端医療機関など誘致の確実性がなければ絵に描いた餅となる。

②最も採算性が取れ、市場ニーズが高い住宅を約八〇〇戸に絞り込む必要性と事業全体の採算性や地権者が必要とする企業再生資金が捻出できるのか。

③約六haの敷地を持つ複合都市機能ゾーンに商業・文化・娯楽等の機能集積を図るためには、一つの事業者が施設開発を行う大規模敷地型か、それとも、事業リスクを少なくするために敷地をいくつかに分割して、複数の事業者が施設開発を行う街区割り集積型にするか、また、事業者のニーズをどのように見極めるか。

④現在の工業専用地域を規制緩和し、新たな地域価値を高めることにより、開発利益を事業費へ転嫁するために規制緩和の仕組みをどのようにつくるか。

⑤開発地区内で存続を希望する工場をどのような仕組みで研究機能や本社機能に転換を図るのか。
⑥事業区域外におよぶ二本の幹線道路の整備に伴う、約三〇人の地権者の移転先を事業区域内でどのように位置付けるか。
など様々な課題が提起された。

また、都市基盤施設整備計画の検討では、都市基盤の整備が土地区画整理の減歩《げんぶ》（公共施設用地や保留地を捻出するために、地権者から同じ割合で土地を供出させること）に直結する課題でもあり、事業採算性の視点から議論が多岐におよび意見集約に多くの時間が費やされた。
①辻堂駅の現在の一日平均乗降客数約九万人を捌いているホーム・駅舎機能が利用客容量の限界にあり、将来乗降客数に見合う機能拡充をどう図るか。
②新たに計画する三路線の幹線道路のうち、北口交通広場から国道一号線を結ぶ南北道路をシンボル軸にふさわしい道路にするためにどのくらいの道路幅員が必要か。
③将来の都市構造を踏まえ、北部方面地域と辻堂駅等を結ぶ新しい交通システムとしての連接バス（二両連結のバス）・ＬＲＴ（ライト・レール・トランジット）などの構想への対応。
④シンボル軸に面した公園とするか、シンボル軸から離れた場所にするかの位置関係。
⑤駅南北の交流機能を高める二本の南北自由通路の幅員構成と駅南口の広場改良と回遊

デッキの整備のありかた。
⑥駅利用者の大半が茅ヶ崎市民である西口駅舎の拡充・改善と西口南北自由通路の拡幅、西口広場の新たな整備のありかた。
⑦緑豊かな歩行空間を確保するため、土地利用計画とセットで歩道状空地を義務付け、歩道と一体となって空間を整備するため、都市計画法の地区計画制度を活用して法的ルールを定めることの是非。
⑧茅ヶ崎市の市民と専門家・行政による検討委員会により取りまとめられた「茅ヶ崎市西口周辺まちづくり基本計画」と整合した市域を横断する東西道路位置の選定。
⑨辻堂駅北口交通広場の形状・規模・機能とシンボル軸との連携。
など様々な課題が提起された。

整備計画の概要

整備計画の検討で議論された様々な論点は、次のような幾つかの方針に集約され整備計画が策定された。
①五つの土地利用ゾーンの具体化を図るための企業誘致プロジェクトの設置
②複合都市機能ゾーンへの事業提案型コンペ方式の導入

③辻堂駅・駅舎改良・ホーム拡充の同時協議方式の導入
④都市基盤整備と上物（進出企業の施設）の同時着工方式の導入
⑤移転を希望しない工場など事業地区内での機能更新協議
⑥幹線道路・広場などの関係機関との可能性協議
⑦辻堂駅南口・既成市街地のまちづくり協議

この「七つの方針」の目的は、整備計画検討の中で熟度・可能性を追求して実効性を高める計画にすること、将来像・まちづくりのコンセプトを土地利用計画に反映させるために事前に様々な利害を調整すること、長時間の調整が想定される課題については早期から議論・検討を行い可能性の有無を確認すること、企業誘致活動から事業者や市場のニーズを的確に把握して土地利用計画の実現性を確実にすることにあった。

このような議論を踏まえ、策定された土地利用計画と都市基盤施設計画を以前の基本計画と比較すると、産業関連機能ゾーンや広域連携機能ゾーン、医療・健康増進機能ゾーンの街区面積が拡大され、多様な機能が集積する都市拠点にふさわしい土地利用計画になった（16頁図2参照）。

土地利用計画においては、複合都市機能ゾーンのうち住宅系の用途が大幅に縮小され、新たに医療・健康増進機能ゾーンが位置付けられた。産業関連機能ゾーンについては企業誘致活動を通じた市場ニーズの把握や、工場の存続を予定していた地権者企業との協議により東京から本社機能を移転し、三か所に分散されていた研究所を集約しR&D（研究開発）機能として再生するなどの実現性の高さを踏まえ、エリア面積を拡大した。広域連携機能ゾーンを約一・一haの公園を中心に、緑とオープンスペースに彩られた空間として配置するなどの見直しを行った。複合都市機能ゾーンの核となる商業・文化・娯楽等の機能集積にあたっては市場ニーズを踏まえ、大規模敷地集約型とし、閉鎖的な空間とせずに、シンボルロードへの顔づくり、北口交通広場と一体となったゲート広場など周辺街区との調和型として位置付けた。

都市基盤施設計画では、北口交通広場が既存の広場を拡張する方針に変わり面積も四割拡大され、南北道路は駅前から国道一号線を結ぶシンボルロードとして、幅員二五m（一部一九m）と沿道壁面後退による緑豊かな空間が誕生することになった。事業地区の中央部を貫く東西線については、茅ヶ崎市西口周辺まちづくり計画に基づき、茅ヶ崎市方面への延伸を視野に計画が変更された。辻堂駅南北をつなぐ歩行者動線については、東側南北自由通路は幅員四mから一二mへ拡幅、辻堂駅西口南北自由通路については幅員四mから六mへ拡幅し、二本の辻堂駅南北自由通路には二か所の広場の新設、二か所の広場の拡充・改良が位置付けられた。東側南北自由通路は北口交通広場上空の東西ペデストリアンデッキ（歩行者専用のデッキ）と結ぶ計画とした。辻堂駅舎改良・ホーム拡充については、将来の乗降客数を一日平均約一三万人と想定し、朝のピーク時の混雑緩和と湘南C-Xの集客力を想定して、平均幅員八mを平均一二mに拡幅改良し、東西改札口の機能拡充を図ることとした。また、将来の貨物線の旅客化を視野に新たなホームの新設用地を確保する計画として位置付けた。

パートナーシップによる新しい事業モデル

社会経済状況の変化を見据え、駅前の大規模な工場跡地（約二五ha）の土地利用転換を図るために最も有効な事業手法の選定が、地権者企業と藤沢市間で大きな課題となっていた。そこで湘南C-Xでは、従来型の開発手法や制度に拘らず、地域の実情に沿った独自の視点や手法を駆使した新たなパートナーシップによる「新しい事業モデル」を試行したのである。

パートナーシップとは、先に述べた通り、市民・地権者企業と行政がそれぞれの公共的責任と役割分担に基づいて都市再生プロジェクトを位置付け、様々な地域の問題を解決して地域価値を高めていくことである。

整備計画を実現するためには、開発事業の資金計画・事業主体、企業誘致の仕組みと進出予定事業者が決まらないと、計画は絵に描いた餅となり、事業そのものが頓挫する危険性がある。地権者企業と市が「責任と役割」に基づき、開発事業費の負担額、事業主体を誰が担うか、喧々諤々と二年近い協議を行い、ようやく合意にこぎつけた。本プロジェクトを進める中で、それぞれの利害や思惑が交差し、可能性を追求するとともにリスクをいかに回避するか、筆者が一番苦労し、汗をかいた協議であった。

今回の都市再生事業は、端的に言えば工業専用地域の土地利用転換により地域価値を高め、持続可能な都市を再構築する事業である。土地利用転換に伴う導入機能と将来用途地域の見直しは、土地を所有する企業の開発利益と地域再生による市の新たな財源確保につなげることでもある。地権者企業の開発利益の地域還元のさせ方、市の公的資金の投入と将来地域社会が享受する税収・雇用・福祉・交通機能など様々な社会的利益との費用便益を検討した結果、パートナーシップによる事業の仕組みが導入された。

まず、官民それぞれの事業費の負担の把握と事業の仕組みを構築するために、次のような検討が行われた。

①地権者企業は自らが企業再生などに要する費用を土地売却により捻出する想定額を把握すること。

② 市は投下する公共投資を開発予定地の土地利用転換に伴う、固定資産税・事務所税等の税収入見込みと起債（自治体が財政資金や事業費を調達するための債権を発行すること）の償還（金銭債務を弁済すること）見込みを把握すること。

③地権者の事業更新に関わる費用とＵＲ都市再生機構が先行取得した用地の売却見込み額

などに関すること。

次に、工業専用地域から商業地域などへの土地利用転換による地価上昇によって得られる利益（開発利益）の想定と国庫補助金の導入に関する課題が整理された。

①地権者企業は土地利用転換による地価上昇で得られる開発利益相当分の約八割を開発投資の原資として投入する。そのための地域価値を高める手法を編み出すこと。

②都市再生緊急整備地域の指定を受けて、規制緩和、優先的な国庫補助金の確保、税制緩和措置などを実現させること。

③市の財政負担の平準化に寄与する手法の導入を図ること。

④駅改良・ホーム拡充による、鉄道事業者の将来乗降客の増加に伴う利益と藤沢・茅ヶ崎市民の利便性・安全性向上等、公共福祉の増進にともなう受益を踏まえた三者の事業費応分負担の原則を確立すること。

制度・仕組みの改善、規制緩和の課題として、市が責任を持って、国・県と協議し都市再生を具体化する手法を見出すこととした。

最後に、工業専用地域の規制緩和と地域価値を高めるための課題が整理された。

①用地地域（既存用途は工業専用地域）の見直しを前提とした、土地利用誘導方策を導入すること。

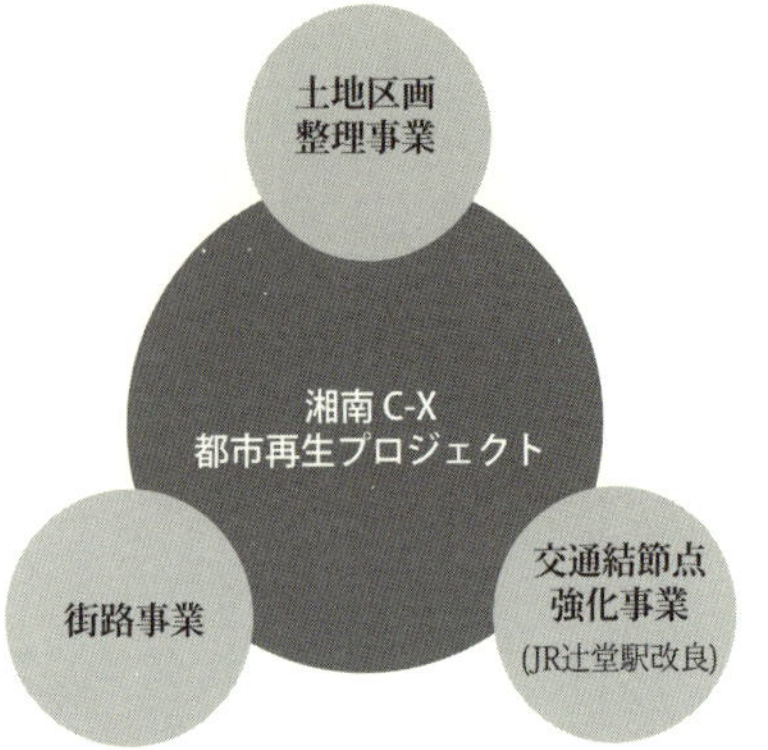

図14　湘南C–Xの事業スキーム　藤沢市「湘南C–X都市再生プロジェクト」(2007年10月)より作成

②地域資源を活かして新たな地域価値を創出するために景観まちづくりにより地域のブランド力を高めること。

③新たなまちをイメージし、価値を共有して発信するためにまちの愛称を全国から公募し、地域ブランドを育てること。

工場跡地の土地区画整理事業については、四者の地権者が主体となって約二五haを土地区画整理法に基づく個人施行同意型の区画整理事業組合を設立して、UR都市再生機構が施工者として事業を実施する。区画整理区域内外にわたる新設する辻堂駅北口大通り線・辻堂神台東西線の街路事業及び辻堂駅遠藤線の改良事業については、藤沢市が議会の同意を受けて、道路法に基づく施工・土地収容等に関する権限をUR都市再生機構に委譲し、UR都市再生機構が直接施工方式で施工者となり事業を行う。JR辻堂駅改良事業については、事業主体をJR東日本・藤沢市・茅ヶ崎市とし、事業負担協定を締結して鉄道事業者であるJR東日本が施工する。駅南口の既成市街地の再生にあたっては、南口交通広場の改良は市が施工者、回遊デッキ整備にあたっては、周辺街区の企業と市が負担協定等を締結し、市が施工者として、事業の仕組みと役割分担等が整理された。

パートナーシップに基づく市、地権者企業と進出事業者による開発投資額の総額は約一七二八億円で、その内訳は都市基盤整備費約二九八億円、民間投資額約一四三〇億円と想定し、都市基盤整備の財源を地権者が約六〇億円（保留地処分金等）、国庫補助金約七五億円、藤沢市・茅ヶ崎市・JR東日本の負担金・単独事業費の合計額約一三三億円、藤沢市の街路事業費三〇億円についてはUR都市再生機構の立て替え施工方式による二十年償還とし、財政負担の平準化を図った。

まちづくり方針、辻堂駅周辺地区整備計画、事業の仕組み等の合意に基づき、地権者企業と藤沢市は「湘南C-Xまちづくり基本協定」を二〇〇六年六月に締結し、土地利用転換の仕組み・手続き・事業プロセス、まちづくりのルールに関する責任と役割を明らかにした。

5　都市戦略に適う土地利用転換を誘導する

土地利用転換の仕組み

はじめに都市再生と土地利用転換の仕組みを説明すると、当該敷地は工業専用地域に指定されている。都市の再生を目的とした都市再生特別措置法に基づく「都市再生緊急整備地域」の指定を受けることにより、既に定められている工業専用地域の規制をいったん白紙にしてから、都市開発を前提に市街地の整備を推進することになる。このことにより、規制されていた、商業・病院・ホテルなどの施設を建築することができ、工業専用地域からの土地利用転換が可能となる。

二〇〇四年五月に内閣総理大臣から三〇ha（辻堂駅南北を含めた地域）の指定が告示され、都市再生に関して「湘南地域に位置するJR辻堂駅周辺地域において、駅に面する大規模工場跡地の土地利用転換等により、後背地の大学や工場との連携を活かし、多様な機能を持つ都市拠点を形成する方針」が定められた。このことにより、工業専用地域等の用途・高さなどの規制緩和、迅速な都市計画変更手続き、進出企業に対する税制面等の優遇措置、都市基盤施設整備に対する優先的な国庫補助金枠の確保など、事業の枠組みが整った。

都市再生緊急整備地域の指定を受けて、都市計画法に基づき、都市再開発の方針、都市計画道路・近隣公園などの都市施設と地区計画（再開発等促進区）からなる、合計一一案件の都市計画変更、都市計画決定が二〇〇五年十二月に神奈川県知事より告示された。

また、「まちづくり方針」に基づき、地域全体の調和のとれた美しい街並みや魅力ある景観づくりの誘導を図るために、地権者企業、専門家と市の協議により「湘南C-Xまちづくりガイドライン」（ガイドラインの内容については第四章で述べる）が二〇〇六年七月に策定され、工業専用地域から、基本計画に基づく土地利用方針が具体化される仕組みが整った。

二段階都市計画手続きによる土地利用誘導

課題は、三年で基盤整備事業を完成させる目標に沿い、青田売り（通常は基盤整備完成後土地売却を行うのだが、工事中から完成青写真により土地を売却する方法）を前提に進出企業を誘致し、地区の目標とまちづくりのコンセプト、土地利用計画や景観形成に沿った進出計画にどのように誘導するかであった。そこで、土地利用誘導を確実にするために「二段階都市計画手続きによる土地利用誘導」を行った。わかりやすく説明すると、都市計画法に基づく通常の地区計画手続きは、すべての土地に地区計画の整備方針と地区整備計画を一体として指定することで土地利用を具体化させる。しかし、今回は、開発地区全体に地区計画の整備方針を指定し、土地利用転換を可能とした上で、企業誘致が決まった街区ごとに計画内容を確認し、基本計画との整合を図り地区整備計画を指定する方針とした。

そして、都市再生に関する総合調整などを行うために、「湘南C－Xまちづくり調整委員会」を二〇〇六年六月に設置し、その部会として土地利用・景観形成に関する協議や調整を機動的に行うため「土地利用・景観部会」を設置した。

段階的な土地利用誘導の運用にあたっては、企業誘致会議（企業地権者、専門家と藤沢市で構成）が進出希望企業に対して、まちづくり方針や地区のまちづくりの仕組みを提示し、地権者企業と希望企業が湘南C–Xまちづくり調整委員会に進出希望提案書を提出する。二段階審査方式に基づき、土地利用コンセプト、資金力、事業企画力などを審査し、優先交渉権者を内定して、地権者企業との土地売却交渉を行い、土地売買契約を締結する。次に進出企業が確定された時点で、都市計画・建築・都市デザイン・ランドスケープデザイン・色彩・環境設備の六人の専門家、市のまちづくり関連の四人の課長とオブザーバーとして事業施行者であるUR都市再生機構により構成された「土地利用・景観部会」に、基本構想、基本計画のプロセスごとに、計画素案を提出し、クライアントと設計者・デザイナーを交えた、協議・調整を行う。その後、進出企業者から街区ごとに地区整備計画企画書を提出してもらい、地区計画の都市計画変更により地区整備計画を街区ごとに定める方法である。都市計画変更後、実施設計協議を経て、建築許可、建築確認の手続き後に事業に着手する仕組みである。

行政手続きの煩雑さや縦割り組織の弊害をなくすために、土地利用・景観部会を所管する辻堂駅前都市再生担当に行政窓口の一元化を図ることで、総合調整機能とスピード感を持たせることが可能となった。

6　企業誘致の仕組みと手法

当時、神奈川県内の各自治体は、活力ある都市を目指して業務・商業機能などの誘致を目的にした都市再生事業や工場・研究所などの誘致を目的にした工業団地造成事業が盛んに行われ、企業誘致を巡る都市間競争が展開されていた。例えば横浜市では、みなとみらい21地区へ企業誘致を図るため、固定資産税減免措置や施設建設費補助金制度を創設し、首長が先頭になって企業誘致のトップセールスを展開していた。また、川崎市、相模原市、横須賀市、厚木市などでも独自の企業誘致条例などを制定して工場・研究所などの誘致活動を活発に展開していた。

湘南C-Xでも基本計画に基づく土地利用を実現するために、地権者企業・専門家と市による「企業誘致会議」を二〇〇四年五月に設置した。誘致会議がまず手がけたことは、企業情報を収集し、土地利用構想に適した企業を抽出して、五〇〇〇社に対しての進出可能性アンケート調査や業界団体セミナーを開催し、湘南C-X都市再生事業の魅力を発信し、企業の進出動向情報の収集に努めた。第二は、企業誘致に当たっての独自の優遇措置として、「神奈川県の産業集積促進方策（インベスト神奈川）」と連動させた「藤沢市企業立地等の促進のための支援措置に関する条例」を二〇〇四年十月に制定した。この制度により三年間の税制優遇措置、建設費助成金、市民を雇用した場合の助成措置等が整備された。第三は、湘南C-Xの優位性や湘南地域の魅力などを掲載したリーフレットを作成し、企業誘致会議に情報が集められた研究・業務・医療・商業・アミューズメント・住宅関連企業などを訪問して、意向打診調査を行った。第四は、藤沢市や企業地権者が人脈や情報をもとに、時にはトップセールスも行った。

このような企業誘致活動を通じて集めた情報やみなとみらい21地区や川崎市殿町《とのまち》地区などでの企業誘致情報を分析し、棲み分けと独自性を目指すために、当初想定した大企業を中心とした企業誘致のあり方の見直しを行った。

まず、産業関連機能ゾーンでは、企業地権者の一人で金属加工油の世界トップメーカーである協同油脂が工場を三重県に移転させ、東銀座にある本社を湘南C-Xに移転し、三つに分散していた研究所を集約して、R&Dセンター（研究所）を併設させる決定がなされた。この朗報をもとに、開発意欲が高く独創性に富む中小企業を対象に、本社・研究所が手狭な企業や住居地域内に立地し活動に限界が生じている企業にターゲットを絞り、誘致活動を展開した。その結果、航空機用・一般産業用油圧機器の研究開発・製造を行う住精ハイドロシステム、自動車用プラスチック部品についてトータルで研究開発を行う大栄などの研究開発・本社機能の誘致に成功した。

医療・健康増進機能ゾーンでは、用地の無償提供と建設補助金を持って、医療機関を誘致

ゾーン	事業者名	事業概要
産業関連機能ゾーン (E街区)	協同油脂(株) 大栄(株) 住友精密工業(株) (株)大新工業製作所 (株)ジェイコム湘南	本社・研究開発拠点 テクニカルセンター 研究開発拠点 湘南テクニカルラボ 湘南局
医療・健康増進機能ゾーン (D街区)	医療法人徳洲会 相模興業(株)	総合病院 メディカルフィットネス
広域連携機能ゾーン (C街区)	横浜地方法務局 (財)藤沢市開発経営公社 相澤土地(株) (株)湘南ミサワホーム不動産 (株)タカギフーズ 藤沢市	湘南支局 アーバンライフサポートプラザ 公共サービス・業務施設 公共サービス・業務施設 未定
複合都市機能ゾーン (A街区)	住友商事(株) コープかながわ K&K湘南マネジメント特定目的会社 (株)和田	テラスモール湘南 ミアクチーナ湘南辻堂駅前 Luz 湘南辻堂 斎場
複合都市機能ゾーン (B街区)	住友商事(株) ナイス(株) (株)大京	集合住宅 集合住宅 集合住宅

表1　湘南C-X進出企業一覧　藤沢市ホームページより

する手法が当時一般的であったが、誘致会議が取った戦略は、施設が老朽化して更新が緊急課題となり、高度先端医療分野への進出を模索している医療機関やメディカルフィットネス機能（医療機関と連携して疾病の改善のためのトレーニングを通じて、生活習慣病の予防・改善を図る運動療法）への進出意欲が高い企業を抽出し、誘致交渉を展開した。その結果、湘南医療圏（藤沢市・茅ヶ崎市・寒川町で構成）内にある医療法人徳洲会・茅ヶ崎総合病院の移転と相模興業の進出が決定した。

複合都市機能ゾーンでは、駅前の中央部の約六haの規模を有する交流と賑わいの空間の企業誘致の方向性を巡り検討が行われた。その結果、仮換地指定を受けた企業地権者と市・UR都市再生機構が共同で事業コンペを実施した。

基本計画の土地利用方針に基づき、商業機能・娯楽機能・文化機能・ホテル機能等、まちに開かれた複合機能を持ち、街並み景観の形成に資する施設計画・事業経営・資金計画を求めるアイディア事業提案コンペを行い、応募企業体一〇提案の中から土地利用計画、施設構成、景観まちづくり、まちの賑わいと湘南文化の醸成、事業計画の確実性とリスク対応などの観点から、量販店を配しない多核型都市モールと湘南の緑の丘をイメージした景観拠点を創るコンセプトからなる事業予定者（住友商事グループ提案）を選定した。このように企業誘致会議と湘南C-Xまちづくり調整委員会との連携により、都市基盤整備の工事期間中に広域連携機能も含めて、誘致活動開始から三年余で、すべての企業誘致に成功した。（本章1～6節　長瀬光市）

7　パートナーシップでまちのブランドを創る

愛称とロゴマーク

パートナーシップでまちづくりを進めていくには、事業や新しい街のことを地域の人々や多くの人々に知ってもらい、親しみを覚えてもらうとともに、進出事業者の誘致促進にもつなげたい。そこで、辻堂駅周辺地区都市再生事業の愛称、あるいは新たに誕生する街の愛称を作ってはどうか、という話になった。しかし、プランナーが考えたコンセプトは説明的で文字数も多く、一般の市民にスッと理解してもらうには煩雑である。専門のコピーライターに事業のコンセプトをわかり易く表現した親しみやすい愛称を創ってもらうことも考えたが、それなりの費用がかかること、同じ費用を掛けるのなら、日本全国に愛称を募集して募集そのものを事業の宣伝ツールとして使った方が効果が大きいのではないか、と考えた。地権者企業、藤沢市やその関連団体、茅ヶ崎市、学識経験者等一二名の愛称選考委員会を組織し、公募を行った。

その結果、全国から一六七五人という多数の方から応募があった。その内訳は藤沢市民が二五一人、茅ヶ崎市民が八六人、二市以外の神奈川県内より一一八七人、県外から一一五一人で、目論み通りこの事業や辻堂のことを日本全国に広報することができた。年齢的にも三十代、四十代を中心に小学生から高齢者まで幅広い人達が応募してくれた。審査は予備選考として一次審査部会（中井検裕《のりひろ》・東京工業大学大学院教授他二名）で先ず一六七五点の案から三六点に絞り込んだ。その幾つかをピックアップすると、「湘南クロスタウン」「クロスポイント辻堂」「サザンクロス辻堂」「ミソラド」「×□（クロス・スクエア）」「BELLA CITTA」「Solana 湘南」「Ciel Bleu 湘南」「辻堂C-X（シークロス）」「フロンタル湘南」など、「辻堂」という地名と産業や文化、生活が交差するイメージから名付けた愛称、湘南の海や空、星からイメージした愛称が多かった。三六点について文字の商標登録の有無を検索してもらい、商標登録されている文字が一部でもふくまれるかどうかもチェックした上、愛称選考委員会で本選考が行われた。本選考では全委員による審査・協議を行い、四回の投票を経て、入賞作品が決定した。

選考に当たっての視点は次の通りである。

①わかり易い愛称で誰からも親しまれるか（読み易さ、呼び易さ、覚え易さ）
②開発コンセプトを踏まえているか（理念との整合性）
③地域の特性を捉えているか（地域性）
④流行に左右されずいつまでも使われるか（耐久性）
⑤将来に希望が持てるような明るいイメージか
⑥他の愛称等と類似性が無いか（独創性）

その結果、最優秀賞に「辻堂C-X（シークロス）」が選ばれた。応募者は埼玉県の高田圭さんで、命名の理由（本人記載）は「『C』はCity,Culture,seaを表わし、『X』はCrossを意味する（辻堂の「辻」も表わしている）。複合的を意味するComplexを頭と尾だけに省略したものでもある。湘南の海（Sea）に代表される自然、文化（Culture）、都市（City）が辻堂でクロス（Cross）し発展するように、と名付けました。」となっている。

その他に、優秀賞に「湘南クロスタウン」、佳作に「湘南ICL town（アイクルタウン）」「湘南ツジリア」「フロンタル湘南」が選ばれた。

なお、愛称の使用に当たっては、主催者（藤沢市、関東特殊製鋼、ＵＲ都市再生機構）で協議し、応募者の了解も得て、辻堂ではなくより広く浸透している湘南を用い、「湘南Ｃ－Ｘ」と一部修正して使用していくことになった。

また、ロゴマークについては、若手のデザイナーＫＬＯＰの菅いずみさんに、ＣＸのデザインを七案作ってもらい、その中から、人、情報、物質などが交流する場に相応しいジャンクション（合流点）をモチーフとした円弧を描くデザインを採用した。ロゴマークは、事業の広報物や地区内のサイン等に使用され、ロゴマークに用いられた青色も地区の様々なサイン等に用いられ、街のアイデンティティ形成に一役買っている。

SHONAN C-CROSS

図 15　湘南 C–X ロゴマーク
デザイン：KLOP

このように、事業実施に先立ち、愛称やロゴマークを作ったことで、まだ具体の街の姿が見えない段階から、街のブランドを発信していけることになり、事業のスピード感のある進行に大きく貢献したと思う。

街並み景観を創る施設のデザインや名称

次にまちのブランドを形成するのは、事業で立ち現れてくる建物や街路の姿である。真新しく、お金をかけた立派な建築物や街路がまちのブランドを形成する訳ではない。質の高い都市空間が創られているかが、まちのブランドを左右する。質の高い都市空間とは、人々が自由に気持ち良く過ごせ、お互いに出会い、ふれあう、多様な社会的活動が自然に広がっていく活気と賑わいに満ちた屋外空間が実現していることである。都市の公共空間は建物の間の空間に他ならない。さまざまな施設や機能が街路や広場に面して配置され、街路や広場から建物の様子が窺え、建物の中からも広場や街路の様子が見えるように、建築物やその敷地と街路や広場が開かれた関係になっている街は歩いていて発見があり愉しい。緑豊かな並木道をゆっくり安全快適に歩けることも愉しく、街にやってくる人々を眺めたり、休息するための座る場所が用意されていれば退屈しない。使いやすい屋外空間は建物内部の空間を補い、街の環境を高める大きな要素でもある。公共空間がまちのブランドを高める大きな要素でもある。そうした公共空間が十分に機能する可能性の高い街をつくることを目指して、私達は次章に述べるような創造的デザイン協議を行ってきた。公共空間を内包する敷地利用計画や建物等の色彩のお互いの調和、湘南の風土に合った豊かな緑の風景の創造などを目指したのである。

街並み景観の一つとして、建物のデザインがまちのイメージを表現していれば、それはまちのブランド形成に寄与することになる。テラスモール湘南は、そのような意味から事業コンペを行った結果、施設の開発コンセプトを「湘南みどりの丘」とし、施設のデザインをテラス状の形態にし、立体的な緑化を行い、施設敷地のあちこちに人々が腰を下ろし、周りを眺めたり、談笑できる場が用意されている。施設の名称も「テラスモール湘南」と施設のイメージを端的に表現しており、湘南C-Xのブランド形成に対して大きな役割を果たしている。

北口駅前広場の東西デッキのデザインも、他の駅前風景と差別化している意味において、湘南C-Xのイメージを高める効果を果たしている。辻堂駅北口大通り線も湘南C-Xのブランドを形づくる要素の一つとして整備されたが、その力を発揮するには、ケヤキなどの高木が大きく育って豊かな通りの通景を形成までにはもう少し時間がかかるだろう。

そして最後に、まちのブランドを形づくるのは、街に住み、働き、活動する人々のライフスタイルとお互いのコミュニケーションである。まちを生き生きとさせるのは、結局人である。立派に整備された建物や広場や街路があっても、そこに人影がまばらだったり、足早に通り過ぎていく人しかいない街は、人々の交流や活動も生まれないし、誰も記憶に留めないだろう。都市空間について数々の有名な論文を発表しているカリフォルニア大学バークレー校環境デザイン学部建築学科教授のC・アレグザンダーはその著書『パタン・ランゲージ』（鹿島出版会一九八四年）でこう言っている。

「都市には昔から、価値体系を共有する人々が触れ合いを求めて出掛ける場所が何箇所もあった。このような場所は、つねに路上劇場のようなものであり、人々が自然に集まり、他人を眺めたり、ぶらぶら歩いたり、店を冷やかしたり、油を売ったりする場所であった。」（九一頁）

湘南C-Xはひとまず、人々の活動の場となる空間は整備され、幸いなことにテラスモール湘南を中心に来街者も多く人気も高い。しかし、まちの活動はまだ始まったばかりである。業務ビルはまだ入居していないフロアが幾つもある。公開空地も含めた公共空間の緑の生育管理や美化清掃活動、まちぐるみのイベントの開催など、エリアマネジメントもこれからである。湘南C-Xのまちづくりは、都市基盤の整備と建物のビルトアップが一段落して終わった訳ではなく、スタートに立ったのである。湘南C-Xのブランドが一過性のもので終わるか、継続して人々の評価を受けるか、湘南C-Xに進出した事業者や藤沢市のエリアマネジメントの取組みに懸かっている。

（菅　孝能）

第四章
まちの価値を高める創造的デザイン協議

神台公園に向かい合うオフィスビル群　街並みとしての協調を図っている

1　計画の「形」を具現化するための創造的デザイン協議の試行

土地区画整理事業だけでは望むまちはできない

土地区画整理事業や街路事業は、街路・公園等の公共基盤と宅地の整備であって、宅地の土地利用や建築物等のデザインは事業の枠外となる。このままでは、まちのコンセプトやイメージが担保される保証はない。地権者企業は区画整理事業後の宅地を全て売却し、このまちから居なくなる。最後までまちづくりに責任を持ち、持続可能なまちを創り、育てていくのは住民や新たな進出企業等と行政である。「辻堂駅周辺地区整備基本計画」（第三章3節）に盛り込まれた将来像・コンセプト・ビジョンを具体のまちの姿と活動につなげていくために、まちづくりを誘導する仕掛けと仕組みが必要であった。それはデザイン協議の新しい仕掛けと都市計画手続きの仕組みである。

これまでの景観誘導の課題

藤沢市では、景観法制定に先立つ一九八九年に「藤沢市都市景観条例」を定め、景観形成計画、大規模建築物等の景観形成基準、景観形成地区の指定と景観形成基準等により景観誘導を行ってきた。また、公共施設及び大規模建築物等については都市計画・建築・色彩ランドスケープの専門家からなる「都市景観アドバイザー会議」による指導助言も行ってきた。景観法が制定されて、景観関連施策は景観法に規定する景観計画に移行するとともに、藤沢市独自の屋外広告物条例も制定し、より強化・充実して、建築物等の高さ、壁面後退、緑化基準、建築物・広告物等のデザイン、色彩等のルールが定められている。運用にあたっては、景観法を所管する景観まちづくり課等への行為の届出に対する審査により、行政が不勧告、勧告、変更命令のいずれかが行われ、適合した建築物が工事着手に至る仕組みになっている。

具体的な審査は、申請書類（配置図・平面図・立面図・外構計画図・色彩計画等）に基づき書類審査を行い、担当職員と設計者が協議を行いながら調整を図る仕組みとなっている。言い換えれば書類審査はネガティブチェック、阻害要因の排除による最低限のルールを遵守させる仕組みといえよう。

このような審査方式では景観の質を向上させる上で次のような問題と課題が生じていた。

①届出申請は実施設計という計画プロセスの最終段階であるため、景観協議の過程で改善できる範囲が限られ、審査による改善の限界性が内包されていること。

②行政担当職員が審査を行う際、基準に基づく画一的指導に留まったり、計画に対する提案が抽象的で、設計者の空間の質を向上させる動機付けには必ずしもなっていないこと。

③設計者と行政担当職員の景観イメージや価値観が食い違っていると、設計者の創造性に結びつかないこと。
④設計者とクライアント（進出事業者）の間で景観設計に対するコミュニケーションが十分に行われず、景観目標像の共有が図られていない場合が多いこと。
⑤行政職員・設計者の双方に敷地単位を超えた空間イメージや周辺環境との関係のデザインの視点が欠如している場合が多く、設計者の実務における敷地単位主義から脱却できないこと。
⑥透明性を確保した、専門家も交えた協議・調整のルールが未成熟な状況にあること。

新しい景観デザインの協議システムの導入

このような課題を踏まえ、湘南C-Xの都市空間の「質」を向上させ良好な景観を実現させるためには従来の書類審査方式に代わる新たな協議システムをどのように構築するか、課題ごとのキーワードをもとに検討を行い、次のような方式を試行することとした。

一点目は、まずクライアントとまちづくりのコンセプトや都市空間形成の目標を共有することである。それを明文化したものが「辻堂駅周辺地区まちづくり方針」である。湘南C-Xに進出する企業と地域価値を共同して高めることにより、地域全体の魅力が高まり、進出する企業イメージの向上、地域ブランド力の発信につながり、創出される社会的利益を共有できる。企業誘致活動において、進出するための条件の一つとして、個性を磨きながら全体の街並み形成と調和を図ることを定めた。

二点目は、景観形成に関する全ての情報を事前開示し、設計者・デザイナーにまちづくりの意図を発信することである。「湘南C-Xまちづくりガイドライン」がその役割を担っている。通常は景観基準、届出書類書式等の情報提供に留まっている点を改め、湘南C-Xのまちづくりのコンセプト、まちづくりの方針等に関する情報を整理して事前に提供することにより、設計者・デザイナー等と一緒に街並みをつくる参加協働型のまちづくりと位置付けた。

三点目は、事前の情報提供をもとに、実施設計段階で初めてでなく、構想・計画・基本設計の段階からプロセスを追って、景観形成について協議を重ねていくこととした。建築物を設計する過程には、クライアントの意向、計画コンセプト、設計方針、概略事業費、基本設計、実施設計等が決まる時機がある。その時機を逃すと後戻りはできない。プロセスに沿いながら協議を重ねることで無駄な作業をさせずに時間をできる限り短縮して次のステップへの反映が可能になる。

四点目は、協議のツールの工夫である。まちの目指すイメージは文字や図だけではクライアント、設計者・デザイナー等に伝わり難い面がある。湘南C-X地区の将来あるべき姿、先行する計画や事業の姿を示したデザイン誘導模型（今回は１／５００スケール）を作成し、設計者側も敷地単位のデザイン模型を作成し、全体デザイン模型に該当する敷地に当てはめ、関係性のデザイン、街並み等について議論する「デザイン模型協議」方式を導入した。

　五点目は、協議・調整の信頼性や創造性を高めるために、専門家集団とクライアント・設計者等が直接景観まちづくりを議論することにした。都市計画、建築・都市デザイン、ランドスケープ、色彩、環境計画等の専門家で構成する協議システムを導入し、専門家と設計者双方からのアイデア・提案・改善案等を協議の場で提示し、デザイン協議を深めた。

　クライアントの同席を求めたのは、クライアントの意向や設計者とクライアントの関係性がよく見えないため、調整が的外れになったり、時間を要したりすることが今までの協議ではままあったからである。関係者が一堂に会して協議することにより、まちづくりのコンセプトや施設の計画方針の共有を図り、スピード感を持って協議を進めることが可能になる。さらに、様々な関係者（行政担当課、専門家、設計者・クライアント等）が自由に発言し、強制ではなく自己責任で判断し決定できる円卓会議方式で協議し、方向性を確認する仕組みにした。

　六点目は庁内調整手続きの改善である。従来方式は、景観法・都市計画法・開発手続き条例・建築基準法等個別法制度に基づき、所管部課と個別に順次協議するシステムとなっている。申請協議において担当課からこの件は他の部署と先に協議しておいて欲しいなどのたらい回しが日常化し、手続きも調整に煩雑な手間と長い時間を要している。全体を調整する役回りが存在しないため、制度至上主義の画一的な調整にもなっている。この点を改善するために、湘南C-Xの景観まちづくりを対象とした誘導ルールの制定とワンストップ協議システムを導入した。この協議システムと連動して効果を発揮したのが、前章で述べた再開発等促進区型地区計画による二段階都市計画手続き方式であった。

2　辻堂駅周辺地区まちづくり方針

「まちづくり方針」の役割

「辻堂駅周辺地区整備基本計画」に盛り込まれた将来像・コンセプト・ビジョンを具体の街の姿と活動につなげていくための最初の仕掛けは「辻堂駅周辺地区まちづくり方針」である。藤沢市が主導しつつ、地権者企業、茅ヶ崎市、都市計画コンサルタント等と意見交換しながらまとめられた。その目的は、大きく二つ、地権者企業は土地を売却する際に、進出企業に土地利用や景観形成の面で条件づけることにより地域貢献を果たすこと、進出事業者は新たな価値を創造して持続可能な街へ育てる役割を果たすこと、である。

地権者企業と市は、都市計画プランナーや都市デザイナーも交え、中身を吟味した。

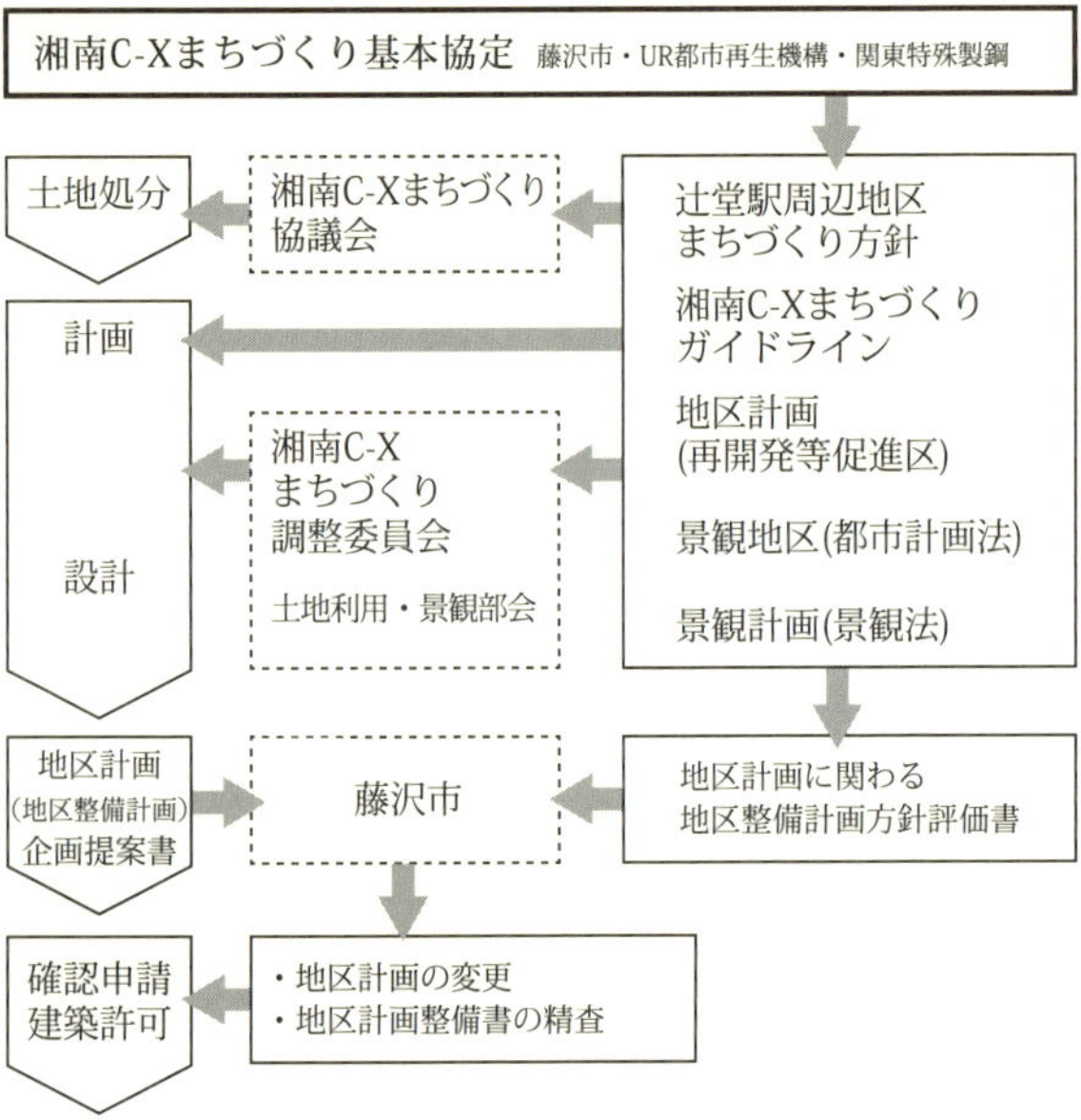

図16　湘南C–Xの土地利用・建築計画・景観誘導の仕組み　藤沢市「湘南C–X」より作成

地権者企業と市はまちづくりの目標を共有していても、それぞれが目指す究極の目的は微妙に異なる。地権者企業は、進出事業者の意欲を引き出す条件の整った街であるという土地利用転換後の街のイメージを伝えて、少しでも良い価格で土地処分をしたいが、一方で、土地処分時の制約になるような規制や条件は出来るだけ少なくしておきたい。いわば、短中期的な視点で土地利用を考えている。それに対して市は、長期的にまちづくりに責任を持つ立場から、土地処分時にまちづくりのイメージと条件を出来るだけ具体的に進出事業者や関係機関に伝え、街のイメージと現実に出来上がる街の姿と乖離がないようにしたい。このような立場の違いからくる考え方の調整の中で、双方に大きな隔たりがあり、調整に手間取ったことは、駅前の商業・サービス複合都市機能ゾーンの施設イメージと敷地規模、道路沿線の壁面後退による歩道状空地の二つであった。それについては後程述べよう。このような議論はあったが、双方の合意のもとに「まちづくりの憲法」ともいうべきものとして「辻堂駅周辺地区まちづくり方針」は二〇〇五年七月に制定された。

「まちづくり方針」の概要

「まちづくり方針」の中身を見ていこう。

まず、基本計画から辻堂駅周辺地区の位置付けを「多様な機能が複合して集積する広域連携都市拠点」とした。これは、辻堂駅周辺地区が藤沢市の五核の一つであること、相模川以東の地勢的に枢要な位置であること、独自の文化を育んできた湘南地域に位置することから導かれている。そして、その将来像として「まちの活動が育てる地域の先導的な産業拠点」「多様な都市活動が広域的に連携する拠点」「湘南ならではのライフスタイルを展開・発信する拠点」の三つを掲げた。

将来像を実現するための開発コンセプトは「湘南の豊かな自然と生活文化に新成長産業が融

合して生まれる、高度な広域連携拠点」とした。地区の整備方針は以下の通りである。

①開発フレーム

就業人口一万人、居住人口二三〇〇人、来街者五万人の街を創る。多様な機能集積により就業人口の回復増進と来街者の創出を目指すとともに、教育施設等の増設需要を招かないよう、地区内の児童・生徒の発生を伴う居住人口を極力抑制する。学区の学校施設の将来余裕から算出した人口から共同住宅戸数は概ね八〇〇戸を基本とし三か年以上の段階的入居式で誘導を図る。

②土地利用の方針

産業関連機能ゾーン、医療・健康増進機能ゾーン、広域連携機能ゾーン、複合都市機能ゾーン、交通結節機能ゾーン、既成市街地活性化ゾーンの六つのエリアに分けて土地利用の転換・誘導、機能更新を図る。

③公共施設等の整備の方針

地域構造を強化・改善するために、道路、交通広場、駅機能の強化を図るとともに、歩行者空間のネットワーク、緑・公園・広場等のオープンスペースの整備等を図る。

④景観形成の方針

地域資源を活用し、まちづくりガイドラインや地区計画・景観地区などの仕組みを導入して、新たな価値を生み出す調和のとれた美しい街並みの形成を誘導する。
⑤環境共生・環境配慮の方針
ユニバーサルデザインへの対応、環境負荷の低減や循環型まちづくりへの対応、安全・安心なまちづくりの推進などにより、持続可能な都市を目指す。

まちづくりの主体の考え方は以下のように設定した。
①都市再生事業は地権者と市のパートナーシップで進める。
②開発地区の地権者等により設立された「開発協議会」と市は連携して、土地利用計画・土地活用事業の調整や導入機能・街並み景観など魅力あるまちづくりを推進する。
③藤沢市と茅ヶ崎市は協働して駅機能の強化、交通ネットワークの整備などの都市再生事業を進める。
まちづくりの誘導方策は次のようにした。
①地区計画による段階的なまちづくりを誘導
土地区画整理事業の仮換地に合わせ、順次新たな土地利用を迅速に実現していくために、用途地域は工業専用地域のままで用途・容積等の緩和が可能となる地区計画（再開発等促進区）により敷地利用・建築計画を誘導して、企業誘致に当たってのリスク緩和と秩序ある土地利用の誘導を図る。

②「まちづくりガイドライン」による敷地計画・建築計画の誘導

地区全体の調和のとれた美しい街並みや快適な環境を形成するために、「まちづくり方針」に基づき、施設建設運営事業者等が、敷地の利用、建築物等の新築・増築や外観の改修、屋外空間の整備・改変などを行う場合の指針と位置付け、地権者と市が協働して策定する。

③企業誘致優遇策の活用

研究開発施設・本社機能など戦略的な導入機能の誘致を図る方策として、「藤沢市企業立地等の促進のための支援措置に関する条例」及び「藤沢市企業立地雇用奨励補助制度」「藤沢市企業立地促進融資利子補給制度」などを活用する。

④タウンマネジメント

地権者、進出企業及び市、住民が主体となって、まちづくりの永続的な運営を図るためのタウンマネジメントの仕組みを今後検討していく。

3　湘南C-Xまちづくりガイドライン

ガイドラインが目指したもの

地権者企業や専門家、藤沢市を交えた協議のもとに、「まちづくり方針」に沿って新しく生まれる拠点地区にふさわしいまちづくりを適切に誘導することを目的に、地区全体の空間形成に関する考え方から具体的な個別の公共空間や敷地計画、建物利用形態、景観等を誘導する指針として、「湘南C-Xまちづくりガイドライン」を策定した。また、この策定を受けて、その内容を法的に担保するために、景観法に基づく景観形成地区の指定、都市計画法に基づく景観地区の都市計画決定や屋外広告物条例の改正が行われた。

ガイドラインは、湘南C-Xの都市空間、即ち住民や就業者、来街者等一般市民が自由に立ち入れ、利用できる公共空間の量と質を確保することがまちづくりにとって一番大切である、との思想でつくられている。そのため、ガイドラインは地区全体の都市空間形成に関する考え方から、個別の公共空間や敷地の整備、景観形成に関する誘導指針が、公共施設と沿道の敷地空間や建築物等との関係のデザイン、隣り合う敷地相互の外部空間や建築物同士の関係のデザインを通して、公共空間とオープンスペースをいかに豊かにするか、という視点で定められている。

建築の計画・設計に当たっては、一般的に自己の敷地の法的・物理的条件と建築物に要求される機能や性能と予算から最適な設計が追求されるが、ガイドラインで事業者・設計者に求めたのは、屋外空間で人々が気持ち良く過ごせ、お互いに出会い、ふれあう多様な社会的活動が自然に広がっていく活気と賑わいに満ちた都市空間を実現することであった。そのためには、

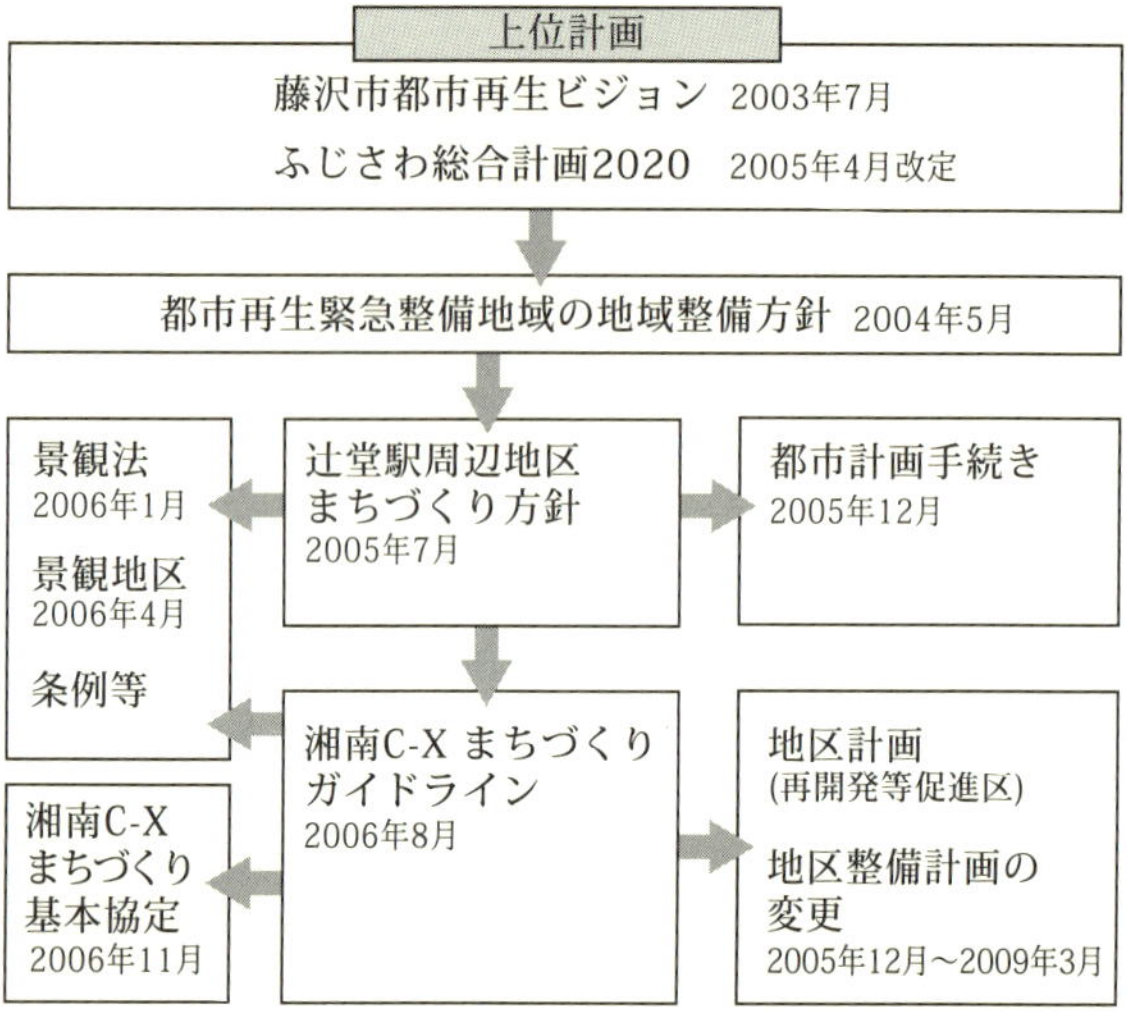

図 17 湘南 C–X のまちづくりのルール体系 藤沢市「湘南 C–X」より作成

屋外空間の質を高めることである。都市空間は建物の間の空間に他ならない。周りにどのような建物が並んでいるか、さまざまな機能が街路や広場に面して配置されているか、街路や広場から建物の中の（特に地上階の）活動の様子が窺えるか、建物の中からも広場や街路の様子が見えるか、建築物やその敷地と街路や広場が開かれた関係になっていることが大切であると考える。ゆっくり安全快適に歩ける歩行者空間が用意されているか、退屈せずに歩いていける街路か、街にやってくる人々を眺めたり、休息するための座る場所が用意されているか、使いやすい屋外空間は建物内部の空間を補い、公共空間が街の環境の質を高める大きな要素でもある。そうした公共空間が十分に機能する可能性の高い街をつくることである。

「まちづくりガイドライン」の策定に際しても、地権者企業と筆者達の間で、敷地利用計画の指針の規制力や自由度を巡って「まちづくり方針」の策定時と同様の議論が繰り返された。ガイドラインの目的は敷地計画を通じて公共空間とオープンスペースをいかに豊かにつくるか、そのために、事業者や設計者に指針という視点とヒントを提供することである。そこで、筆者達は計画や設計の中で必ず実現してほしい事を「ガイドライン1　遵守事項」に、さらに事業者や設計者が工夫をして高めてほしい事を「ガイドライン2　協議・誘導事項」に整理する事によって、いたずらに規制を強くすることなく、事業者や設計者の積極的な工夫を引き出すようにしたのである。

都市空間形成の目標と方針

湘南C-Xの都市空間形成の基本目標は次のように設定されている。

①「誇り」と「愛着」が持てる美しい街並みをつくる。
②多様な活動を許容する「包容力」に富んだ「賑わい」のある空間をつくる。
③「発見」や「感動」のある「歩いて愉しい」街をつくる。

④「潤い」や「安らぎ」が得られる人と自然に優しい環境をつくる。
⑤全ての人が「安心」「安全」に過ごせる場をつくる。

この基本目標を実現する骨格的な公共空間についてその整備の考え方を示した。さらに、大規模街区については、宅地内に自由に人々が立ち入れる公共空間を形成することや、地区境界部の道路を周辺市街地の環境向上に貢献するよう整備することも求めた。

①道路と沿道空間

道路自体に十分な歩道を確保するだけでなく、沿道宅地にもその土地利用や建築物の機能に対応した歩行者の快適性を高める歩道状空地や街角広場を整備し、広い歩道空間を実現することや、道路内や沿道宅地に高木並木による緑陰空間の形成を図ること。

②北口交通広場と周辺空間

地区の交通結節点として機能性・利便性を考慮して交通施設を配置するとともに、十分な歩行者空間を確保する。地区の玄関として緑化や街への眺望を確保するとともに、周辺宅地・建物と一体的に魅力と美しさを備えた空間づくりを行う。また、駅南北自由通路と直結したデッキの整備、さらには南口交通広場の改修も図る。

③西口広場と周辺空間

地区西側の玄関口として、茅ヶ崎市民を中心とした通勤・通学等に対応するとともに、

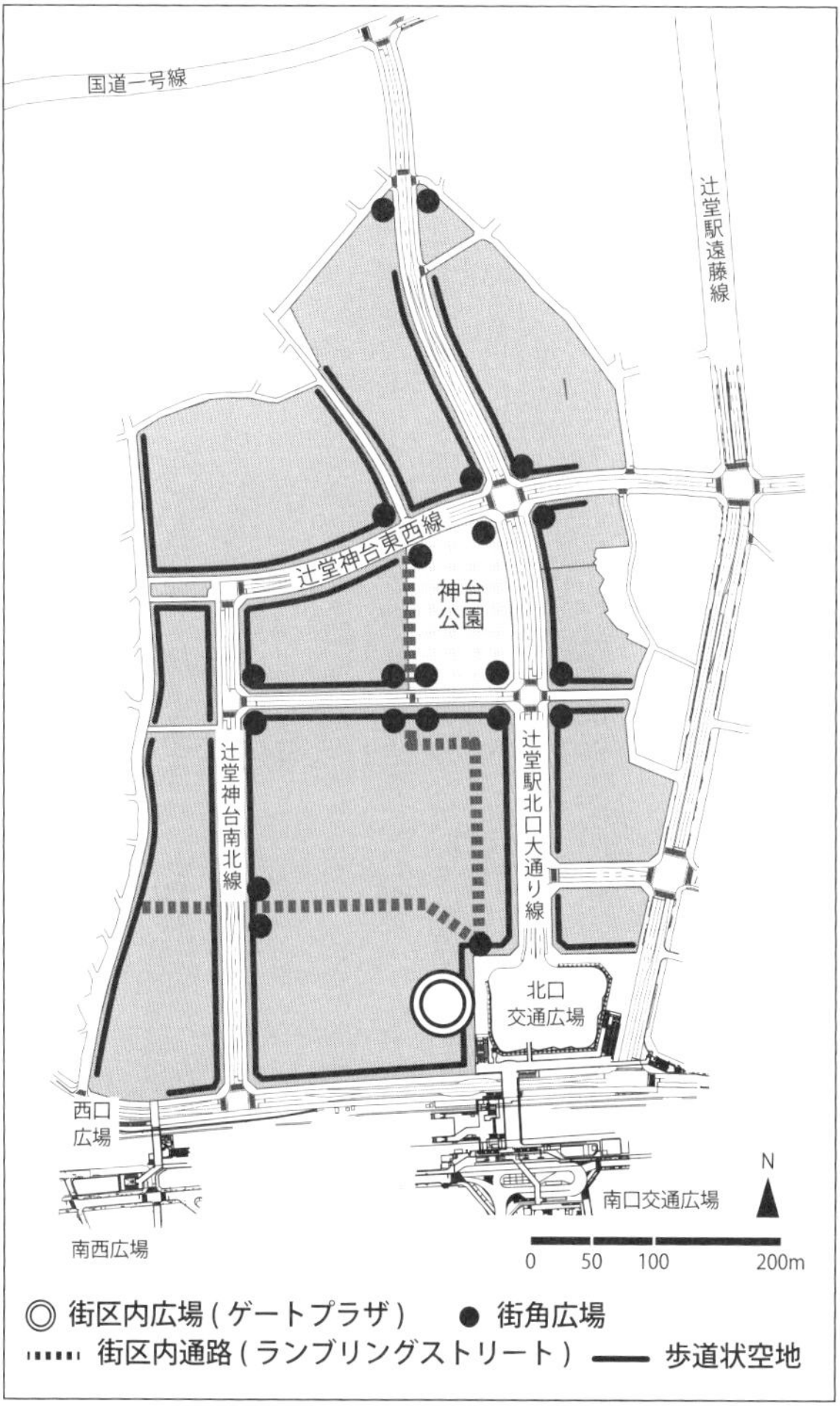

図 18　公共空間配置図　藤沢市「湘南 C–X」より作成

市街地のポケットパークとしても機能する空間を形成する。併せて、西口跨線橋・駅舎・南口の改修も図る。

④神台公園

住み、働き、訪れる人達が安らぎを得て多目的に利用でき、かつ防災機能も備えた地区の中心となるオープンスペースを形成する。隣接宅地との一体的利用も考慮する。

⑤ランブリングストリートとマーケットプラザ

A・1街区の施設整備に併せ施設建物と関連させて、折れ曲がり・高低差・屋内外等による空間の多様な演出を行い愉しく歩ける街区内通路「ランブリングストリート」を整備し、北口交通広場、周辺道路と結んで歩行者空間を形成する。また、人が行き交い、休み、出会い、集い、思い思いに愉しく時が過ごせる空間を屋内または屋外に創る。

⑥市境道路

周辺市街地との歩行者の行き来や隣接市街地の環境向上にも配慮して、安全快適に通行できる道路空間と緑地空間を整備する。

これに沿って「公共空間計画及び敷地利用計画の指針」を策定し、さらに後述する「都市基盤施設整備グレード検討委員会」で具体的な個々の公共施設の整備水準が検討され、その結果に基づく公共施設整備が行われた。

公共空間計画及び敷地利用計画の指針

「指針」は歩道状空地・敷地内通路の確保、敷地の緑化をはじめ、公共空間の確保や整備、敷地利用に関わる条件等、地区内で施設整備等を行う場合に求める基本的な考え方を整理したものである。「ガイドライン1　遵守事項（整備基準等）」は「指針」に基づき、それぞれの敷地で整備が求められる各種施設の面積、規格、機能、性能等を示したもので、この基準に則した施設整備等を実施することが求められる。「ガイドライン2　協議・誘導事項（事業者と藤沢市が協議して決定する事項）」は事業実施にあたっての望ましい考え方を示しつつ具体的な整備内容等については事業者の計画に基づき協議・調整を図りながら決定していくこととした。事業者・設計者の創意工夫による空間の質の向上を目指した訳である。

「まちづくりガイドライン」で地権者企業と大きな議論になったのは、壁面後退による歩道状空地の指針であった。これは「まちづくり方針」の策定時から議論になっていた事項である。地権者企業としては、区画整理事業で減歩により必要な道路幅員を確保したのだから、さらに敷地面積が削られるような壁面後退は御免被りたい、という。それに対して筆者達は、壁面後退により、歩行者や自転車の通行に余裕が生まれるだけでなく、通りの連続した賑わいや緑化など敷地単位ではなく通り単位で、各宅地の施設計画にもメリットをもたらすことを説明し理解を得た。しかし、複合都市機能ゾーンの辻堂駅北口大通り線や北口交通広場に面する部分は、既に十分な歩道幅員が確保されていることや、施設計画におけるショップフロントの自由度を担保しておきたいという地権者企業の強い主張で壁面後退は見送らざるを得なかった。そこで、辻堂駅北口大通り線、北口交通広場に面する位置に賑わい創出ゾーンを設定し、魅力ある空間形成、賑わい創出に向けた取組みを行うとする事で歩道状空地を設置するのと同等の効果を得られると判断して、双方の合意が成ったのである。

「まちづくりガイドライン」の策定と前後して、藤沢市景観計画に基づき「湘南C-X特別景観形成地区」の景観形成基準を決定し、さらにその基準は、「景観地区」の指定、「藤沢市屋外広告物条例」で法的担保性を強化した。ガイドラインに従ってデザイン協議が成立すると、地区計画の「地区整備計画」で担保された。

4　デザイン協議の仕組みとプロセス

土地利用・景観部会の役割と構成

「まちづくり方針」「まちづくりガイドライン」を具体の形にするまちづくり協議システムとして、湘南C-Xの地域再生事業を総合的に調整する「湘南C-Xまちづくり調整委員会」を二〇〇六年六月に設置し、その部会として土地利用や景観形成に関する「創造的デザイン協議」

の役割を担う「土地利用・景観部会」を設けた。

「土地利用・景観部会」の役割は、進出事業者の土地利用・敷地計画・施設計画・建築デザイン・ランドスケープ・環境管理計画等について、「まちづくり方針」や「まちづくりガイドライン」に基づく施設計画の内容やデザインの調整・設計協議、「まちづくりガイドライン」に規定している「協議・調整事項」に関する誘導方針や都市基盤施設のデザインに関わる具体案・カウンタープランの提示等を、基本構想・基本計画・基本設計・実施設計・現場の各段階に沿って進出事業者・設計者・デザイナー等と行い、事業者側と部会側が双方納得のいく形でデザインを確定することである。

部会は、都市プランナー（加藤源／日本都市総合研究所）、都市デザイナー（菅孝能／山手総合計画研究所）、ランドスケープデザイナー（戸田芳樹／戸田芳樹風景計画）、色彩プランナー（吉田愼吾／カラープランニングセンター）、建築家（西田勝彦／ヘルム都市・建築コンサルタント）、環境設備設計家（我孫子義彦／ジェス）の六人の専門家、藤沢市都市計画課、景観まちづくり課、開発業務課、辻堂駅前都市再生担当の四課長の計十人と、オブザーバーとして事業施行者であるＵＲ都市再生機構神奈川地域支社計画チームリーダーにより構成された。

デザイン協議のプロセス

デザイン協議・調整のプロセスは、「湘南C-Xまちづくり調整委員会」において、土地利用計画に基づき、エリアごとに進出希望事業者が選定されたところから始まる。選定された事業者に対して、湘南C-Xのまちづくりの考え方、藤沢市と協働で街を創り上げていく基本的事項について、委員会と進出事業予定者が合意し、地権者企業と土地売買契約を締結する。この段階で、進出事業者に創造的デザイン協議のプロセスが説明される。

第一ステップ（基本構想）は、進出事業者の施設のコンセプト、土地利用、施設利用に関する適合性の協議である。進出事業者から計画施設の概要（盛り込む諸機能、施設のおおよその規模、敷地利用計画の概要等）が計画書や図面で示される。例えば、医療・健康増進機能ゾーンに進出が決まった医療法人からは、高度先端医療構想に基づく土地利用計画、施設計画の概要が提示され、部会からは高度先端医療機能、治験センター機能、災害拠点病院機能等の計画についての質問が出される。意見交換をする中で、高度先端医療機能としてアンチエイジング機能、再生医療センター機能、ガン治療センター機能等の導入を検討していることや治験センターはグループ病院が取り組んできたガン治療薬品開発に関する治験機能の移転集約と充実を図る計画であること、防災拠点病院機能についてはヘリポート基地の設置、医療薬品の備蓄機能、非常用電源機能等災害時の拠点施設機能の充実を図ることなど、計画の内容が具体的に確

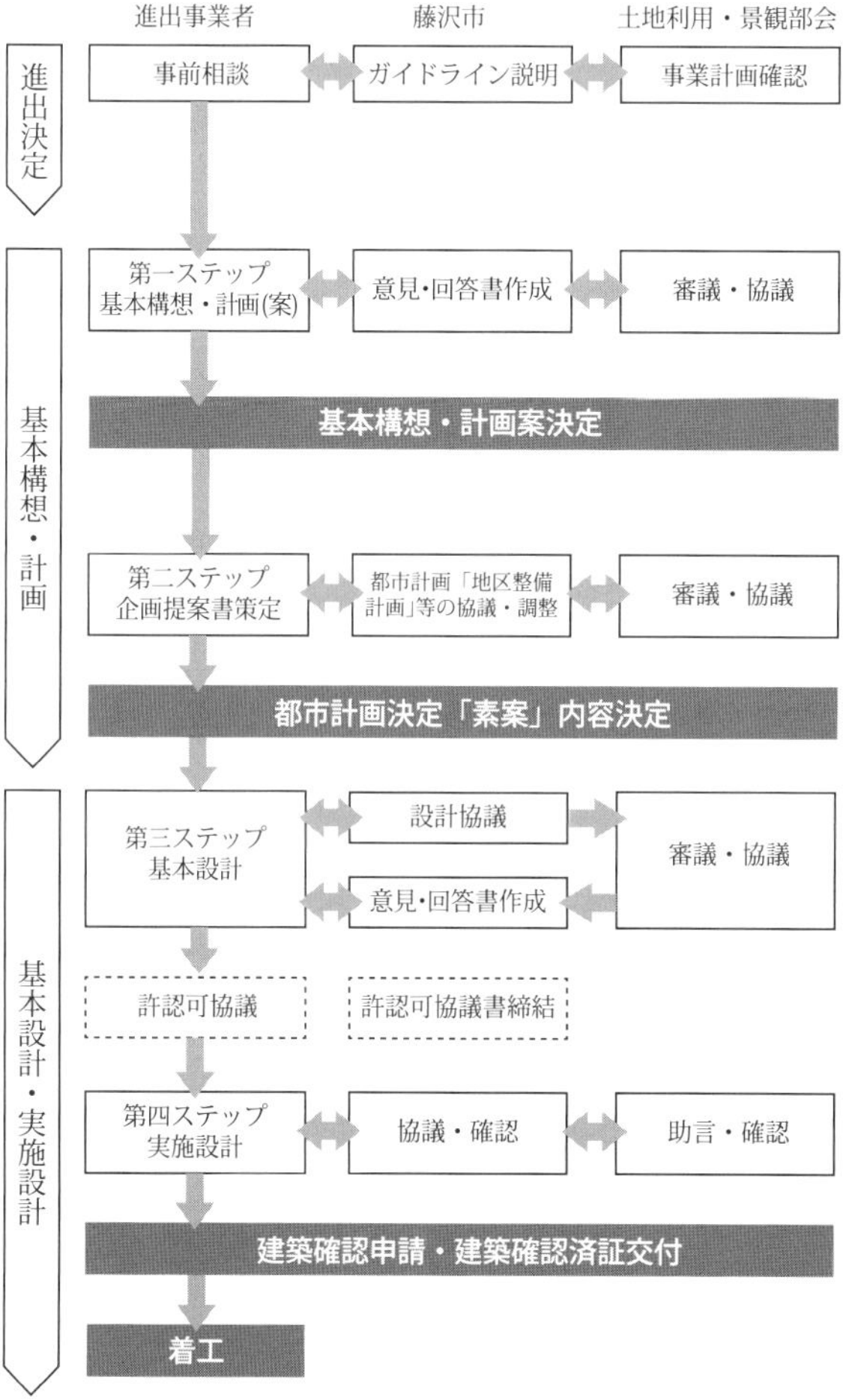

図 19　湘南 C–X まちづくりガイドラインの運用フロー　藤沢市「湘南 C–X」より作成

認される。また、行政委員からは住民・地域要望を受けた医療体制の充実の観点から、小児緊急医療、周産期医療についての機能充実や事業所内保育や病後時保育についての要望が出され、次回に事業者側の内部検討により施設内容の新たな対応についての報告がなされる。

施設によっては、こうしたやり取りを第一ステップでも複数回重ねることがある。部会での毎回の協議が終わるごとに「協議結果回答書」が事業者に送付され、相互に協議調整事項を確認して、次回の協議・調整に向けて修正案を作成する。事業者と部会が基本構想を了解すれば次のステップに移る。

第二ステップ（基本計画）では、施設規模（延べ床面積、建築面積、階数や高さ）と敷地利用計画が図面等で示され、「まちづくりガイドライン」に示されている公共施設との関係のデザイン、敷地内に用意すべき公開空地や歩行者空間のあり方、隣り合う敷地間の関係のデザイン、施設にアクセスする自動車・自転車や歩行者の交通計画、ランドスケープの考え方、街並みデザイン等について協議・調整が行われた。例えば、前記の病院計画で言えば、敷地の位置から西側に隣接する茅ヶ崎市の住宅地や北側の住宅地への環境配慮として日照を確保した建物配置や敷地縁辺部の歩行者空間や緑化空間の取り方、病院という施設のシンボル性や場所のわかりやすさと関係する施設配置や形態、患者や救急車のアクセスルートと交通管理上の右折進入の回避など、建築設計の前提となる基本方針について意見交換が行われ、基本方針を相互に確認して建築設計に移っていった。

第三ステップ（基本設計）では、事業者から基本設計図が提出され、道路空間との関係のデザイン、外構計画、建築計画、色彩計画、設備・環境・ライフライン計画、ユニバーサルデザインなどについての協議・調整が行われた。例えば、前記病院計画では、敷地内の歩道状空地・広場や玄関前の車廻しの空間と前面道路や歩行者・車両アクセス動線の関係、道路から病院玄関に至る動線のユニバーサルデザイン、敷地境界沿いの植栽計画、隣接する街区に対する日影・風害・電波障害等への配慮、外壁素材と色彩のあり方などについて協議・調整が行われた。

第四ステップ（実施設計）では、一般図（平面図、立面図、断面図）や外構設計図、サイン等の設計図などが提出され、第三ステップで合意・確認されたことがきちんと継承されているか、実施設計の検討で変更した場合、どのように対応しているか、を図面等で確認していき、修正すべき事項があればその指示を出す。また、建築物の色彩計画、広告サイン計画、植栽樹種や外構舗装計画等についての協議・調整が行われた。例えば、前記病院計画では、救急車の敷地内動線や外来者駐車場、病院関係者駐車場の配置計画から周辺道路からのアクセスの変更について調整が行われた。建物の色彩についてはマンセル記号（色相・明度・彩度で色を表現する値）による色彩計画の承認、サイン計画については、病院の所在を遠方からもわかりやすく伝えるための計画について意見交換が行われ、植栽については街路樹との関係から、敷地内の病院玄関までのアクセス動線の舗装材とその色彩等について街路歩道舗装との関係から最終段階の調整が行われた。

更に、第四ステップの延長として工事の段階でも、タイル等の色見本による外壁や舗装材の色彩の最終調整、サインの位置についての最終調整等が工程に従って行われ、場合によっては、部会が現場に出掛けて確認することもあった。

また、第一ステップの協議が整った段階で、事業者は都市計画法に基づく「地区計画の企画提案書」を提出し、地区整備計画の都市計画変更に向けた協議を並行して行い、実施設計協議に入る前までに都市計画変更を行うシステムとした。実施設計が完了した時点において、事業者は湘南C-Xまちづくり協議会、まちづくり会議、近隣住民懇談会などへ事業計画を説明し、建築許可・確認申請手続きに入る仕組みとした。

デザイン協議の仕組み

デザイン協議では、個々の施設建築のデザインの質の向上は勿論であるが、施設の機能とまちづくりとの関係、建築物や公共施設が創り出す都市空間相互の関係のデザインを重視して協議を行ってきた。そのためには、敷地の持つ様々な文脈を事業者・設計者が読み取り、計画設計に盛り込んで、その敷地ならではの設計を実現する創造性が何より大切である。

そして都市空間の質は、広場に立派なモニュメントを飾ったり、彩り豊かに舗装された歩行者空間に洒落たデザインのストリートファニチュアを並べることで達成できることではない。何のために広場を創り、歩行者空間を創り、ストリートファニチュアを置くのか。街の主役は人間である。街に様々な人や多彩な事物との出会いと触れ合いの機会を創り、人々が新しい体験をし、新しいものを生み出し、喜びを実感できる都市空間を実現する手掛かりの一つが広場であり、歩行者空間であり、ストリートファニチュアである。求めたのは、屋外空間で人々が気持ち良く過ごせ、お互いに出会い、ふれあう多様な社会的活動が自然に広がっていく活気と賑わいに満ちた都市空間を実現することであった。そのために、居心地の良い屋外空間を創るとともに、建物の内部空間と外部空間が相互に見えたり、行き来できるようにして屋外空間の質を高めることである。敷地ごとにそのような空間を創造してもらうことがデザイン協議の第一の目的であった。協議には必ず、進出事業者の担当責任者および建築等の設計者やデザイナーに出席してもらい、趣旨を理解してもらうよう努めた。

まず、開発コンセプトの意見交換から始まり、湘南C-Xのまちづくりに対する意識の共有を図った。計画や設計が進むにつれて、図面や透視図だけでなく模型を持参してもらい、部会側で用意した五〇〇分の一の全体模型の中に計画建築物の模型を置いて、建築物の高さや規模、壁面の位置、建物の形態、通りのビスタ（通景）、オープンスペースや広場・公開空地の取り方、

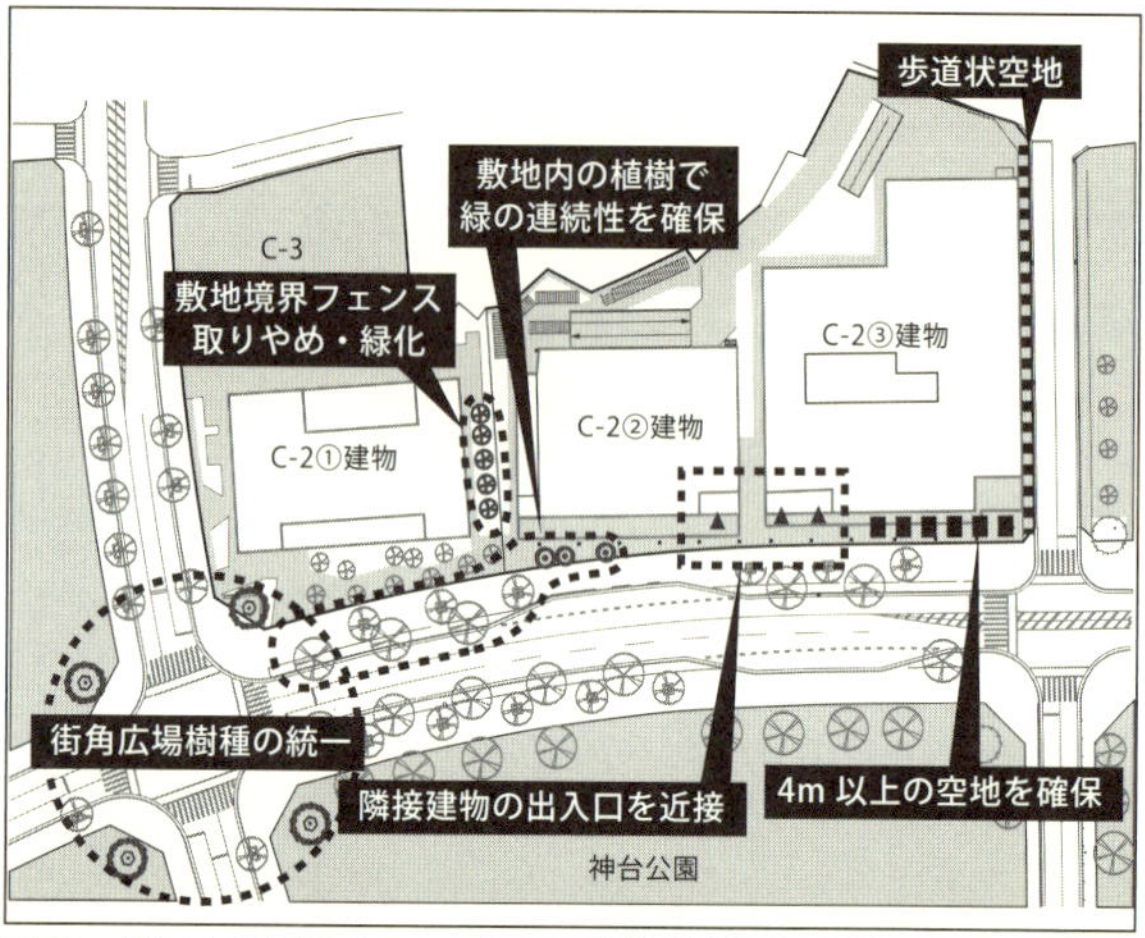

図20　**北口大通り線オフィス街区の整備誘導指針（抜粋）**　藤沢市「湘南C-X」より作成

人や車のアクセスなどについて周辺街区や隣接する敷地との関係を、事業者と部会が確認し合い共有しながら、各敷地のサイトプラン（敷地利用計画）、建築計画、デザインを調整する仕組みを導入した。

さらに、街並みデザインの考え方を詳しく伝えるため、敷地単位ではなく、街区整備デザインガイドプランとも言うべき、通り全体の平面図や立面図を指針として示して、隣接する建築物等との関係から設計を考えるよう促す試みも行った。そして、敷地境界部の処理、道路沿いの植栽樹種や植え込みの擁壁のデザイン、歩道状空地の舗装等について、共通のデザイン要素を用いるよう、隣接する敷地の事業者や設計者同士で直接調整することも促し、街区の一体的な環境形成を図った。

また、「まちづくりガイドライン」の壁面後退による歩道状空地となる部分については、舗装材を歩道と同材を使用し、隣地境界部には塀などの障害物を設置しないように要請し、歩道と一体感のある歩行者空間の創出を図った。

集合住宅エリアでは、三事業者に対して、それぞれが個別に計画設計を進めるのではなく、協働して集合住宅街区全体の配置設計とデザインコードの検討を行うよう要請し、三事業者が共通のマスターアーキテクト（三つの敷地全体の基本計画を担当し調整する建築家）に全体計画を依頼し、土地利用・景観部会と協議・調整を行って、全体の基本計画が整った後、各事業者の個別の設計に取り組んでもらった。そのおかげで、ゾーン全体が統一感を保ちながら、それぞれの事業者の特色が出る街並み形成が実現した。

このように、デザイン協議の場は単に「まちづくり方針」や「まちづくりガイドライン」に合致しているか否かをチェックする場ではなく、事業者・設計者と部会委員の双方が智恵と工夫を出し合って、人々の触れ合いを生むよう都市空間の質を高め、街並みの調和と個性を引き出す場であった。六人の専門家がそれぞれの実務経験を生かして様々な提案や助言を行い、事業者側からもそれに応えるデザインが提示されることにより、その敷地や施設への共通の思いが形成されていく効果が大きかった。時には、事業者と部会委員の間で事業費のアップや工程への影響を巡り、調整が難航することもあった。事業費の拡大や工程への影響を回避するために、次善の策としての素材や工法の変更をお互いに提案して調整を図ってきた。

先行する敷地でのデザインは、良くも悪くも他の敷地のデザインに参照すべきデザインとして蓄積されていく。良い事例となったデザインやその考え方は、部会で紹介し参考にするよう要請した。あるいは共通のデザインとして用いることも要請した。道路境界部の処理の仕方や植栽樹種や植え込みの擁壁のデザイン、歩道状空地の舗装等は、ガイドラインを具現化した敷地や建物ごとにバラバラの印象を与えない街区共通のデザインとなってその街区の個性を表出することになった。デザイン協議・調整の過程において、事業者同士で自主的なデザイン協議が行われたことも、共に街を創り上げていく意識が醸成された結果ではないかと思っている。

「土地利用・景観部会」は二〇〇六年八月に第一回を開き、二〇一二年十二月までの六年半に九三回に及んだ。事業者の事業スケジュールに併せてほぼ二週間ごとに開いてきた。協議回数の少ない物件で六~七回、多いものは一年以上十数回に及んだ。協議・調整の結果は部会での毎回の協議が終わるごとに「協議結果回答書」として事業者に送付され、事業者は次回の部会に修正案を提示して協議・調整を行う。事業者・部会双方が納得いくまで協議を繰り返し、デザインを調整した。

（菅　孝能）

第五章

デザイン協議はどう行われたか

産業関連ゾーン　藤沢の新しい産業活性化が期待されている

1　敷地計画・建築デザインの協議

辻堂神台東西線の北側は産業関連機能ゾーン

では、実際にデザイン協議がどう行われたか、幾つかの事例を見ていこう。

辻堂神台東西線の北側は研究開発機能が多く立地し、敷地も広くオープンスペースも多い。辻堂駅北口大通り線に面して建物は後退して建っており建物前面はかなりの緑地が取られている。そこで各事業者に高木の樹種を統一してはと提案し、オオシマザクラとカツラが植えられている。低木植栽はそれぞれの敷地で好みのものが植えられ四季折々の風情が楽しめる。

北口大通り線と辻堂神台東西線の交差点に位置するジェイコム湘南のビルは、当初示された東西線に平行な配置が議論になった。北口大通り線がこの交差点で大きく西側にカーブを切っており、ジェイコム湘南より北側の敷地に建つ建物は、皆北口大通り線に平行な配置になっている。そこでジェイコム湘南の建物も北口大通り線に平行な配置に建物の軸を振ってもらった。これにより、シンボル軸となっている北口大通り線の街並みが東西線を境に軸が振れていく景観がより鮮明になり、二階建ての正方形プランのシンプルな佇まいが交差点の印象を高めている。

もう一つ、ジェイコム湘南で議論になったのがサイン計画だった。当初示された案は二階の窓の上部に、ＣＩサイン（企業メッセージを表現するロゴや色彩を用いたサイン）である朱色の地に白抜きの文字を入れる帯状のサインで、これはジェイコム湘南の共通サインであると説明を受けた。部会では湘南C-X特別景観地区の基準に従って、建物の色彩が白であるなら、サインの地も白で文字を赤くすべきだと主張、ジェイコム湘南側では、このサインはＣＩサインのままで認めて欲しいと主張。最終的に一階のショーウインドーの中の壁面を赤いシンボルカラーで塗り、建物二階のサインは白い建物壁面を地に小さな赤い文字で表現することで合意した。

区画整理事業の工程上最初に換地されたこのゾーンのデザイン協議が、部会のデザイン協議の最初の段階であった。いわば、足慣らしとでも言おうか。デザイン協議の力点をどこに置けば良いか、植栽の樹種や、色彩の具体的な指示の出し方やスケッチや模型による説得の仕方など部会の委員も学習するステップであって、後のゾーンの敷地や建築に対するデザイン協議の際にも地区内に実現した事例として進出事業者に対して大きな説得力を発揮した。

茅ヶ崎市に隣接する集合住宅ゾーン

辻堂神台南北線と茅ヶ崎市との市境道路に挟まれた南北に細長い街区で三事業者がそれぞれ

集合住宅を建設した。三つの敷地がバラバラに建設するのを避けるため、事業者の募集は同時期に行われ、さらに、三事業者が協調して全体計画と共通のデザインコードをつくることを要請した。途中で折からのリーマンショックで一事業者が撤退し、再募集を行うというハプニングもあったが、進んでいた全体計画に従って部会との協議事項を継承することを条件に新しい事業者も決まって、計画はほぼ順調に推移した。三事業者が共通のマスターアーキテクトに全体計画を依頼し、さらに外構計画とその設計も三事業者が同一のランドスケープデザイナーに作成を依頼して、ゾーン全体が統一感を保ちながら、それぞれの事業者の特色が出る街並み形成が実現した。

集合住宅ゾーンの計画設計上の課題の一つは入居者のアクセス動線になる辻堂神台南北線に対してどのような表情をつくるか、であった。

各敷地の住棟の入口ホールと集会室を通りに面して配置し、その奥に中庭を配して通りから見ると奥行きのある佇まいを形成するよう求めた。これはほぼ期待通りの形で実現した。また、辻堂神台南北線に沿って「まちづくりガイドライン」で求められている二mの壁面後退を更に一m増やし、一mは歩道状空地、二mは高木も植わる植栽帯として、道路の高木と二列の並木が続く緑豊かな街並みを創り出した。夜景観《やけいかん》についても共通の照明デザインが行われた。

もう一つの大きな課題は、西側の茅ヶ崎市域の低層住宅地への高層住棟の影響をいかに軽減するかであった。既に「まちづくりガイドライン」では、中高層建築物の壁面位置は高さ一〇m以上の場合は六m以上後退するように、さらに日影による中高層の建築物の制限を茅ヶ崎市域の低層住宅地の用途地域である第一種住居地域に合わせるよう規定している。部会では、西側に配置する住棟は市境道路から六m後退して高さ一五m以下にするよう要請したが、それぞれの敷地で合計五七〇戸の住宅を入れるには、一五m以下では無理であった。そこで、西側市境道路の斜線制限内に住棟が入るようにして、道路から離れるに従って階段状に階が増えていくようにして圧迫感を減らすように努めた。これは一方で敷地内における通風、日照、天空率の拡大にもつながり、住環境の向上に貢献することになった。さらに、西側住棟は低層住宅への上からの覗き込みを防ぐと共に住棟の西日対策も兼ねて、躯体の内側にバルコニーを設けるインナーバルコニー方式を要請したが、全ての住棟をインナーバルコニー方式としてもらい、住棟ファサードが格子状のすっきりとした外観になる効果もあった。

また、「まちづくりガイドライン」では市境道路に沿って四mの壁面後退（二mの歩道状空地と二mの植栽帯）を義務付けているが、その規定以上に、緑豊かなオープンスペースを整備し、入居者だけでなく周辺住民が使える児童遊園や休憩スポットを要所要所に設けた約二五〇mの長さの線状のプロムナードができた。また、低層住宅地への影響を避けて市境道路の車両交通量の増加を抑制するために、市境道路側からの集合住宅街区への車のアクセスは設けていない。

各敷地の外構設計では、緩やかな地面の起伏をつくって雨水の立体駐車場地下への貯留による灌水や浸透性のある舗装材で雨水の循環を促し、土壌の涵養により植物の生育環境を改善する工夫が行われている。植栽は生物多様性の回復を考慮して湘南在来の高木や海浜植生を多く用いている。上層部の住宅への立体駐車場の屋上床の照り返しの防止や見下ろし景観を良くする為に、パーゴラ（日影棚）状の緑化した屋根を架けてもらうよう要請したが、コスト的に無理とのことで、反射防止の塗料の対応に終わったことは残念であった。

駅直結のテラスモール湘南

A・1街区と言われた複合都市機能ゾーンは敷地面積五・九ha、湘南C-Xの中では最大の規模である。「まちづくり方針」や「まちづくりガイドライン」を議論している時から、駅前の大規模商業施設のあり方について、地権者とは色々な議論を行ってきた。

まず、敷地規模の問題があった。地権者は六haの面積を要求、それに対して藤沢市や都市プランナー・都市デザイナーは、JR東海道本線の駅前に立地するのだから郊外ショッピングセンターではなく、都心型の百貨店的な商業施設として計画すればそんなに広い敷地は必要ないので、半分の三haくらいでよいのではないか、と主張した。残りの三haには広域的な行政機能やR&D業務機能や大学等の高次教育研究機関も誘致したい、という夢もあった。しかし、地権者は近傍の先行商業施設との競争の中で、この規模でなければならないと主張して止まず、敷地を五・九haにしたのであった。まずは高く売れる敷地を確保するとともに、施設計画のフレキシビリティを持っておこうという考え方であった。

また、商業施設の形態についても議論した。筆者達は、大きな箱をつくって中にお客を囲い込んで、外は駐車場しかないという、これまでの郊外型ショッピングセンターのような物にはしたくない、建物の前を人々が行き交い、施設の周りに人々が愉しく集い賑わうイベントが四六時中行われる、外からも中の賑わいの様子が分かる、街に開かれたショッピングセンターにしたい、というまちづくりプランナーとしての思いがあった。商業ディベロッパーの考え方とは真っ向から違う考えである。日本の各地にあふれる画一的なショッピングセンターの退屈さを打破したい。それには、特色ある大型店や専門店の顔ぶれを揃えるだけでは不十分で、ショッピングセンターの空間構造そのものを変えねば無理であると感じていた。既存の商店街を歩く面白さは、物販以外の様々な都市的サービス機能もあって様々な人が集まり、買い物客以外の人々が通り、街並みに魅せられ、青空の下緑陰で休み、様々な人を眺める楽しみがあることだ。サンフランシスコのピア39、ボストンのファニエルホール・マーケットプレイスなどのオープンモール、コペンハーゲンのストロイエ、バルセロナのランブリングストリートなどの変化に富んだ通りの魅力はインナーモール型の囲い込みショッピングセンターでは創れないものだ。色々意見を交換しているうちに、地権者も商業ディベロッパーもやはり今までのショッピングセンターをただ踏襲しているだけでは、勝ち残れないと感じ始めたようだった。

このような議論を経て「まちづくりガイドライン」には、A・1街区に対して次のような条件が指針として規定された。

①鉄道に面する敷地南側は地区の顔として、地区の賑わいが感じられる建物の配置や意匠の工夫を行うこと。

②人が行き交い、出会い、集い、思い思いに愉しく時間を過ごせる、多様な活動を許容する空間を屋内、屋外に形成すること。

③建物との間で変化に富んだ「発見」や「感動」が生まれる、そぞろ歩きを楽しめる「ランブリングストリート」を形成すること。

④北口交通広場、辻堂駅北口大通り線に面する沿道空間を「賑わい創出ゾーン」として賑わいと魅力ある空間に形成すること。

⑤街区の東側の北口交通広場、西側の辻堂神台南北線、北側の区画道路を相互に結ぶ安全快適な歩行者通路を確保すること。

(1)コンペによる事業者の選定

二〇〇七年一月に「湘南C－X都市再生事業調整会議」が主催する事業コンペが行われ、住友商事が進出事業者に決まった。その開発コンセプトを見てみると、「湘南ライフコア　豊かで落ち着いた上質な日常」を目的とした郊外の快適性と都市の利便性を持つ新しい都市型複合開発を目指す、というものだった。端的に言えば、郊外型ショッピングセンターと都心百貨店の中間的位置付けの駅前広域集客拠点を目指したものである。その計画は、

①複数の専科型大型店と専門店で構成される「都市型多核モール」

②駅前のシンボル空間として、湘南らしい空や緑を重視した空間と人々の集う賑わいの空間が一体となったオープンエアのデッキテラス状の「湘南の丘」

③地域の銘店を中心とした湘南のライフスタイルを提案する専門店による光と風があふれるオープンモール「ランブリングストリート」

を主たる構成要素として、駅前施設として都市サービス機能も積極的に導入し、地域ニーズに応える「まちづくり型開発」を行うというものだった。こうしたコンセプトを選考委員でもあった都市プランナー加藤源や藤沢市理事者が評価した結果、進出事業者が決まったのである。

当初計画では地下一階地上六階、延べ床面積約一三万㎡（一期約一〇万㎡、うち店舗面積約八万㎡、二期に約三万㎡のホテル等を計画）、計画容積率（一期）約二七〇％、駐車場約二四〇〇台、駐輪場約三五〇〇台の規模であった。年間想定来場者数は約一六〇〇万人（平日

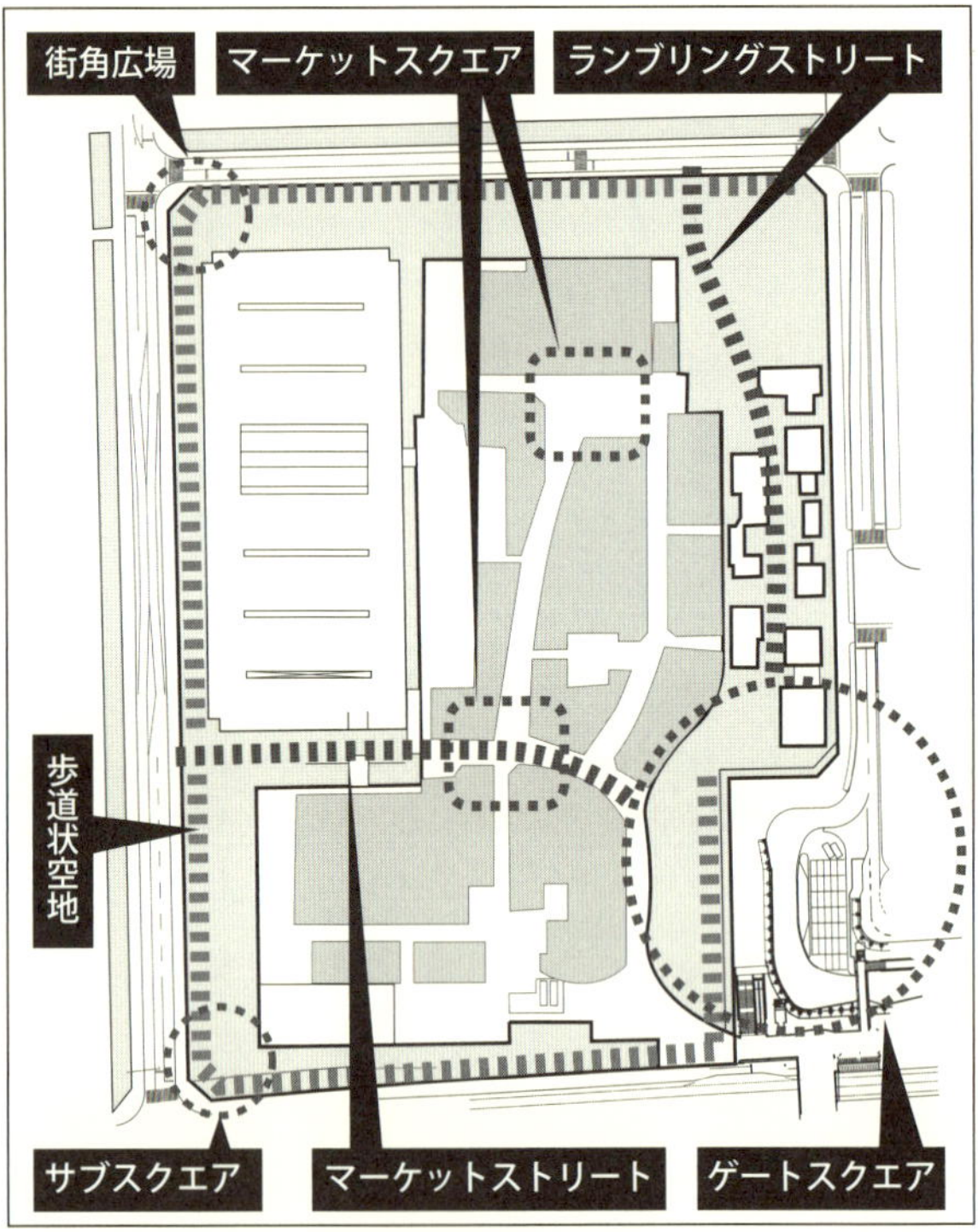

図21　テラスモール湘南の整備誘導指針　藤沢市「湘南C-X」より作成

約四万人、休日約一〇万人）年間売り上げ目標約四〇〇億円、想定客単価約二五〇〇円という事業フレームである。

その後「土地利用・景観部会」では、テラス状になった各階の屋外空間の使い方、交通広場と一体となるゲートスクエアの使い方と設え、「湘南の丘」をゲートスクエア前面だけでなく施設全体として表現する設計などが、繰り返し議論された。また、屋外広告物計画も当初から事業者は「湘南C-X特別景観形成地区」の基準の緩和や除外を求めて議論が繰り返された。二〇〇七年八月に始まった部会での協議は、開業間際の二〇一一年十月まで三〇回に及んだ。

(2)ランドスケープデザイン

ゲートスクエアの計画は、駅前広場との関係の作り方、各方面への歩行者動線と休息や交流の場としての溜まりの空間やイベント広場、小公園等の配置の仕方、二階デッキとの連絡方法、北口交通広場と施設一階床レベルの高低差の処理方法など、多面的な検討が行われた。また、施設のテラスからゲートスクエアのイベント等がどう見えるか断面図による検討も行われた。

ランドスケープデザインは、敷地の四周を取り巻く沿道緑化、「湘南の丘」を形成する各階テラスや最上階の屋上緑化、湘南ビレッジと名付けられたオープンモールの賑わいを演出する緑、ゲートスクエアの緑、対面する集合住宅ゾーンの環境や景観に配慮した駐車場棟の緑化である。「湘南の丘」を演出するランドスケープデザインでは、施設の巨大なボリュームを和らげ、丘のイメージを形成する様々な屋上緑化の検討がなされた。また、西側の駐車場棟の壁面緑化の方法も検討された。敷地外周には藤沢市北部の園芸農家などから調達したかなり大きな高木が植えられ、「道路の高木がみすぼらしいな」などと部会では話題になった程、緑豊かな外構が実現した。

(3)サイン計画

サイン計画も景観基準に沿って参考になる先行事例等の調査により、遠景となる施設壁面のサインは、施設名称を表示するCIサインとキーテナントを表示するサインを、鉄道駅や来場する車のアクセス路に集約して全体で基準の面積内に収めるコンパクトに表示する案に落ち着いた。最後まで議論になったのが、サインの高さであった。屋外広告物の基準では、広告物の高さは地上より一〇m以下と定められている。事業者はより高い位置につけないと広告効果が薄れるということで、特例許可を求めていた。そこで、部会ではデッキに面する壁面ではデッキ上から眺める機会が多くなると考えられることから、デッキに面する壁面に限ってデッキの高さ（七m）を上積みした「地上一七m以下」と読み替え、特例許可とした。それ以外の壁面は一〇m以下とし、特例許可の対象としていない。色彩も、キーテナントのCIカラーは残ったが、夜間はバックライトで全体が白く光の色だけで見えるような工夫も実現し、外壁の無彩色系の色彩計画に調和するアクセントになった。湘南ビレッジのオープンモールの店舗サインはオープンモールが公道ではないことを勘案して壁面に小粋なサインを出してモールの賑わいを創出している。施設の案内、駐車場の案内サインは歩行者の目線、自動車運転者の目線での高さにして近くに寄れば気が付く配置とした。

(4)設計変更

交通処理計画も地域一帯に大きな影響を及ぼす要素で、試算データを基に検討が繰り返された。来場者は平日約二万八八〇〇人／日、休日七万二〇〇〇人／日と想定された。交通処理計画については、鉄道・バスを利用するものが平日約一万一〇〇〇人／日、休日約二万七一〇〇人／日、自家用車利用が平日約八六〇〇人／日、休日約二万二一〇〇人／日と想定され、平日約四八〇〇台、休日約九六〇〇台／日の自動車が出入りすることが想定された。駐車場の計画台数は二四〇〇台で当初計画では地下駐車場八〇〇台と地上立体駐車場一六〇〇台を併用して必要台数を確保する予定であった。

部会での基本設計段階での協議が整ったことを二〇〇八年二月に湘南C－Xまちづくり調整委員会に報告し了承され、三月には地区計画の地区整備計画の変更も行われたのであるが、折からのリーマンショックによる金融の不安定化、建設資材の高騰の煽りを受けて、二〇〇八年五月に建設費削減のために次に示すような幾つかの計画変更が避けられなくなった。

①駐車場計画を見直し、地下を止め、地上立体駐車場二一〇〇台とする。
②建物の「湘南の丘」の外形ラインを曲線から直線に変える。
③五階屋上にあったシネコンを四階に移動、五階建てを四階建てに変更。
④筋交い材の採用により柱の負担を軽減し、鉄鋼量を削減する。
⑤延べ床面積を約一七万㎡に減らす。

七月に湘南C−X都市再生事業調整会議で検討した結果、指名提案競技審査での評価事項の継承と実現は担保されており計画変更は止むを得ない、との判断が下されて、二〇一一年十一月開業のスケジュールを遵守すべく、迅速な事業推進を求めた。

見直し後の協議の大きなポイントは、「湘南の丘」の施設屋上が屋上庭園から駐車場に変わったため、屋上の緑化をどうつくり出すか、西側の立体駐車場の景観をどうするか、であった。西側の立体駐車場については、スロープを駐車場内に移動する案、外壁に設置する案、スロープ部等に緑化を施す案などが検討されて、最終的に各階に集合住宅側へのヘッドライトの遮光対策としてルーバーを設置し、景観対策として各フロアのスロープ出入口部を壁面緑化をする案に落ち着いたが、ヒューマンスケールを超える駐車場壁面の処理としては満足いくものではなかった。屋上も西側の一部の駐車スペースにパーゴラ緑化を施し、駐車スペースの余白を緑化する程度の「湘南の丘」とは程遠い設えになってしまったのは残念であった。

(5)湘南ビレッジ

低層の戸建て店舗が並ぶ湘南ビレッジのランブリングストリートは、光の移ろいや風の流れを感じられる空間の作り方とともに、自然材や木の素材感とシンプルな用い方で「湘南の佇まい」を実現すべく、各店舗の規模と平面プラン、屋根の形と庇《ひさし》の出、開口部の位置と大きさ、外壁の素材と色彩、パーゴラやトレリス（格子垣）による緑化、木製デッキのテラスなどがかなりきめ細かく検討された。その結果、ランブリングストリートとしてはかなりよくできた空間に仕上がって事業者は満足したと思うが、部会としては、辻堂駅北口大通り線側の設えが気になって何度も注文を出した。

事業者にとってはランブリングストリート側が表の空間で、各店舗の空調室外機が辻堂駅北口大通り線側に置かれていることから分かるように辻堂駅北口大通り線側は裏側という認識である。私達は、辻堂駅北口大通り線側もランブリングストリート側と同等に気を使って設計をしてもらいたい。そのため、辻堂駅北口大通り線とランブリングストリートを結ぶ路地を店舗の間に差し込んで、そこにデッキテラスを設けたり、辻堂駅北口大通り線側に店舗の中の様子が見える大きな窓を付けてもらったり、室外機を隠す植栽や一休みできるベンチを置いてもらったりした。

また、次のような湘南ビレッジゾーン独自のデザイン基準を作って各テナントに守って販売活動をやってもらうようにもした。

①店頭（エントランスやデッキテラス）、二階専有テラスでイーゼル、プランター植栽、椅子、テーブル、パラソルや商品など、仮設で閉店後店内に片付けられるもので賑わいを演出する。

②開口部は店内が見えるようサッシ面から奥行き一・二mまでは造作壁の設置を禁止、不透

明シート貼りは禁止するとともに、ショーウインドー、ディスプレイスペースなど積極的に演出する。

③サイン看板の位置と面積の制限により落ち着いた上質なモール空間を演出。

④外壁面設置の内照式サインを禁止、柔らかい夜景観を演出。また、店内に閉店後も残置灯を設置し、夜間窓から漏れる灯りで賑わいと魅力を演出。

こうしてやっと辻堂駅北口大通り線に湘南ビレッジの独特の雰囲気が感じられるようになって、「まちづくりガイドライン」の指針に規定した賑わいゾーンが実現した。

シンボル通り沿い東側街区

湘南C-Xのシンボル通りである辻堂駅北口大通り線の東側には、交通広場にも面する複合商業施設から北に向かって商業施設、業務ビル、官公庁が並んでいる。辻堂駅北口大通り線のこの区間は歩道幅員も広くとってあるため、「まちづくりガイドライン」では、歩道状空地の整備を位置付けていない。その代わりに賑わい創出ゾーンとして沿道空間の賑わいと魅力の創出を要請していた。そこで、このゾーンのデザインの大きなテーマは辻堂駅北口大通り線に沿って五m程度の壁面後退を連続させて、高木の二列植栽のゆったりとした歩行者空間を実現し、その中に人々が休み、触れ合う場を創り出すこと、辻堂駅北口大通り線沿線に施設の低層部の様子が歩道から窺えるオープンで連続的な街並みを形成すること、であった。

⑴法務局庁舎

最初に立ち上がったのは、西日除けのコンクリート製の縦型ルーバー（ブリーズソレイユ）が特徴的な法務局庁舎だった。交差点向いのジェイコム湘南の白い箱が空中に浮かぶ建物と対比的だが、双方白い外壁で街角を特徴づけている。南北、東西の道路交差点に位置することから庁舎敷地の北および西側に歩道状空地と緑地を設けるよう要請した。「まちづくりガイドライン」で交差点部は街角広場を整備してもらうことになっており、歩道と同材同パターンの舗装にして歩道と一体感のある歩行者空間や街角広場が実現した。街角広場には、この交差点のシンボル樹であるサルスベリを植えてもらった。交差点向いのジェイコム湘南の街角広場、神台公園入口広場、湘南藤沢徳洲会病院の街角広場にもサルスベリが植えられていて、将来成長すると、背景の白い建物に赤い花が映える風景を創り、信号待ちをする人達に真夏の日差しを避ける場所を提供することになろう。

⑵二つの商業施設　ラズ湘南辻堂とコープかながわ

北口交通広場に面する複合商業施設・ラズ湘南辻堂のデザイン調整は正直な所かなり難航し、部会としては余り達成感の無いものに終わった。その原因は、四〇〇％の容積を消化することが先決になり施設のコンセプトが薄弱で、商業雑居ビルの域を出なかったことにある、と思う。

施設の外装や広告サインのデザインで何度も協議したが、部会の考えを十分には理解してもらえなかった。協議の難しさを感じた物件であった。その結果、デザイン面で明快なメッセージを表出できなかっただけでなくテナントの募集でも苦労したようで、完成後も暫く空きフロアがあった。そのため「湘南C-X特別景観形成地区」の基準で窓面広告が禁止されているにも拘らず、入居者募集の窓面広告が掲出されたため、入居店舗も窓面広告を掲出して、駅前広場に面する重要な場所の景観を損ねたことも残念なことであった。

さらに、設計協議段階から心配し、問題視していたのは、最寄り品物販店舗と駐輪場の関係であった。一、二階に物販店を入居させる計画で、店舗フロアを少しでも多く取りたいという平面計画である。そのため一階のスペースには余裕が無く、裏手に二段式の一〇〇台足らずの駐輪場しか用意できず、残りは地下に二段式の三〇〇台近くを用意してエレベーターで上げ下げする計画だった。通勤通学なら二段式は許容されても、買物客にとって二段式、しかも地下にエレベーターで出し入れするのは使い難く敬遠されるのではないかと懸念したのである。事業者側は、テラスモール湘南に設けられる大型スーパーマーケットを考慮して、スーパーマーケットではなく小割の専門店群の入居を計画していること、誘導員等を置いて万全を期するから、この計画で進めたい、ということなので、止むを得ず認めた。

ところが、開業してみると、生鮮食料中心のスーパーマーケットが入居、買物客の自転車が店舗の前に氾濫し、駅前広場まで侵食してしまった。デザイン協議の失敗の一つである。テラスモール湘南では、スーパーマーケットの近くに平面駐輪場を配置、また、北側に隣接するコープかながわのスーパーマーケットでは大庇の下に平面駐輪場を用意しているので、辻堂駅北口大通り線に面しているが、見苦しい景観にはなっていない。

スーパーマーケットの敷地は、当初意欲的な提案の商業施設計画で、その進捗が楽しみであったが、やはり当時の経済不況の煽りを受けて撤退し、代わりにコープかながわのスーパーマーケットが出店することになった。こうした店舗はどの敷地にも応用できる標準設計ともいえる平面計画と外装計画があるようで、湘南C-Xの地域特性を反映したデザインにしてもらうのに苦労した。店舗そのものは平家でその上に二層の駐車場が載る形式であり、駐車場部の外壁や角のエントランス周りのデザインで、街並みとの連続性を考えてもらった。また、一階の辻堂駅北口大通り線に面するファサードは全面ガラス張りとして、中の様子が外から窺えるようにし、さらに大通りに面してイートインと集会や催しに使えるコミュニティルームを整備してもらった。五ｍの壁面後退部にはベンチなども置かれ、店先の賑わいが醸し出されている。

(3)三棟の業務ビル

さらに北側には、オフィスビルが三棟並んでいる。

オザワ・タカギビルでは一階を商業施設、二〜三階を子育て支援、保育、障害児福祉施設といった公益施設とする業務ビルである。二人の地権者による区分所有ビルであることは外観からもわかる。南側隣地境界から一・八m下げてビルを配置し、駐輪場と緑化スペースを取っているが、上層部も南側の隣地境界側の壁面に開口部を設けて単なる裏側にしない工夫もなされている。エントランスホールは二階まで吹き抜けの開放的な空間だが、それをさらに印象づけているのは南側の壁をガラス壁にして、外の緑、隣地の緑を眺められる設えにしている点である。また、保育所は、フロアに子供達のスケールに合った小さな小屋を散在させて、子供達が自分の居場所を見つけたり、歩き回って自由に遊べる空間が用意されていてビルの均一なフロアの印象を打ち破ったなかなか秀逸な施設になっている。北側の区画道路沿いの駐輪場のデザインも、緑化と駐輪場を重ね合わせて狭い敷地をうまく使った工夫がなされている。

区画道路を隔てて北側に立つアイザワビルは、公共的なサービス機能も想定した業務ビルである。一、二階および三階までを商業系も含む公共的サービス業務の入居を想定し、四階以上のオフィスフロアと外観も分節してデザインされている。低層部は前面ガラス張りで、通りを歩いていても中の様子が窺えるようになっており、上部のオフィスフロアは、西日を避けるルーバーが高層のオフィスビルの印象を高めている。

また、ビルのメインエントランスが北側に設けられているが、一階から三階までの公共的サービス業務フロアへ人々を導くエスカレーターとエレベーターが南西角の街角広場に設けられており、エレベーターはさらに四階の屋上庭園までアクセスしている。このように、ピロティ（柱廊）を含む街角広場と三階、四階の屋上庭園とが一体的に利用できる市民に開かれた公共空間となっているのが、このビルの最大の特徴といえる。

北西のメインエントランスホール周りは隣地境界側にも植栽等の余裕を取り、北側に隣接するビルのエントランスも隣り合う位置に設けてもらい、敷地境界線を感じさせないペア広場の創出を試みたが、北側のビル平面計画ではそうした対応がしてもらえず、実現には至らなかった。

その北側に隣接するココテラス湘南は藤沢市開発経営公社が企画し、民間事業者に建設と運営を委託する施設である。その機能は、職業・社会体験を中心とした子供達の体験学習施設、若者・子育て後の女性・中高年等の就労支援、人材育成を目的としたスキルアップ・能力開発施設、市内企業と大学等の連携により新しい産業・ビジネスの創出を図る産学融合交流施設の三つのコア機能からなる複合施設として計画された。藤沢市は、老朽化あるいは機能が陳腐化した既存の類似施設をこの施設に集約して、この施設整備を契機に、公共施設の最適な質（内容、水準）と量（総量、規模）とコスト（整備費、維持管理費）を勘案した再編による市財政の効率的運営を図る第一歩とする意図もあった。また、藤沢市開発経営公社は、藤沢市のこうした施策に基づき、公社の保有資産を有効に活用して、これからの地域を支える人材の育成と産業の創出を目的とした先導的プロジェクトとして位置付けていた。

そこで、このコンセプトを実現できる企画力、技術力、運営力に優れた民間事業者を募る公募型の事業・設計プロポーザルを二〇〇八年と九年に実施した。最初のプロポーザルは、応募七事業者から最優秀設計案を選び、次のプロポーザルは、最優秀案を参考に、事業計画（運営体制、事業収支計画など）を審査、応募二事業者から選んだ。施設の整備と管理運営を行う事業者が最初のプロポーザルで最優秀となった設計事務所と組んで設計が行われた。

建物は八階建て、外観は一、二階の低層部と三～八階の上層部の二つに分節されている。辻堂駅北口大通り線の向かいにある神台公園に面して西側のファサードは全面ガラス張りであるが、上層部は西日を和らげるエキスパンドメタル（網目状に加工した金属板）の幕がレースのカーテンを一枚掛けたような外観になっている。ファサードの両側は二層吹き抜けのバルコニーが緑化されており、公園との呼応を表現している。裏手東側に廻ると、四層目に屋上庭園があり、屋上庭園に面する東側の外壁は午前中の陽を和らげる壁面緑化を行っている。屋上には太陽光パネルが装置してあり、全体として省エネ・環境配慮型のビルの設えである。

部会で要望したことは、一つには内部の間仕切りの透視化であった。三つのコア機能の様々な部屋が配置されるが、これらが孤立した部屋と機能になるのではなく、お互いに見る見られる関係を創り出して相互の交流や連携のきっかけとなる設えにして欲しかったからである。四層までは建物中央部に吹き抜けが用意されているが、透視性の高い間仕切りにすることで、吹き抜けを通して上下方向にも部屋同士の見る見られる関係が創り出すことができる。それは通りから開口部を通して内部の活動が奥行きを持って見られる効果も生むことになる。

もう一つ要望したことは、エントランスホールを南側の敷地境界線に沿った位置に変更できないか、ということだった。隣地のアイザワビルのエントランスホールと隣り合い、よりゆったりとしたエントランス周りの空間が確保でき、様々な設えができて人々の触れ合いを触発できるようになる、と思われたからである。しかし、縦動線（階段やエレベーター）の配置や、小部屋が多いことなどから対応は難しいとのことで、あきらめざるを得なかった。

2　公共施設のデザイン調整の仕組み

都市基盤施設整備グレード検討委員会

都市空間の質の向上を目指すには、公共施設が創り出す都市基盤のデザインが重要となる。前に述べたように、「まちづくり方針」に公共施設等の整備の方針を、「まちづくりガイドライン」に都市空間形成の方針と公共施設・沿道空間計画の指針を示して、多様な歩行者が快適に歩くだけでなく、沿道宅地と一体となって「憩い」「楽しみ」が得られ賑わいを創出する空間を形成することを求めている。

しかし、基盤整備費は無限にある訳ではない。区画整理事業の全体事業費の中で基盤整備費の予算枠は既に決まっており、その枠の中でどのように整備するか、都市基盤の種類や場所ごとに優先順位を付けるか、素材や整備仕様の水準をどう設定するかを予め整備方針として決めておかないと、統一感のないバラバラな整備となってしまう。

湘南C-Xの質の高い都市基盤の空間整備に関して、その整備方針を事業関係者が確認共有するために、学識経験者三名、地権者企業の代表一名、区画整理事業施行者であるUR都市再生機構の担当者二名、藤沢市関連部課長六名より構成される「都市基盤施設整備グレード検討委員会」を組織した。この検討は「まちづくりガイドライン」の検討と並行する形で行われ、その結果は「まちづくりガイドライン」にも反映された。

都市基盤デザインプロジェクトチームと現場調整会議

「都市基盤施設整備グレード検討委員会」の方針のもと、公共施設の具体の設計・デザインを調整するために、「都市基盤デザインプロジェクトチーム」を設置した。チームは、土地利用・景観部会の都市デザイナー、色彩プランナー、ランドスケープデザイナーと藤沢市の担当職員を中心に、工事を担当するUR都市再生機構の担当職員および公共施設の実施設計を行う土木コンサルタントにより構成された。

その進め方として、都市デザイナーが基本設計レベルの図面や模型で設計コンセプトや基本的考え方と意匠設計や構造システム・設備システムを提案し、これを基に土木コンサルタントが実施設計を行い、細部の調整を行う方式をとった。

ところが、協議・調整を進める過程で、建築の設計方式とは異なり、土木構造物の実施設計は基本設計の内容をそのまま年度ごと、発注工区ごと、工種ごとに分割して設計が行われ、実施設計段階では相互の調整が行われないままに工事等が発注され、複数の施工主体が後発工事が先行している施設に設備や部品を付加していくだけのアセンブリーシステムで工事を進める方式であることが判明した。確かに基本設計図には関連する工種の全てがその種別と位置や大きさ等が記載されている。しかし、そこがどのように他の部材や部位と違和感なく納まるかまでは検討されていない。工種ごとに基本設計を基に実施設計が完結し、他の工種との取り合い（部材の組み合わせ方や接続の仕方）は現場に任される。現場では工事担当者のセンスに任され、デザインや色彩等の統一も意図されていない。建築設計では、実施設計段階で様々な部位や部材相互の納まり、設備の取り合いなどを細かい寸法まで詰めて建物全体で一つの調和したものに設計し、現場では施工図で再度確認した上で工事を行う。土木施設でも駅前広場のデッキは建築と同様の工程管理が必要なのである。

そこでこの問題を解決するために、工事現場と都市デザイナー、藤沢市の担当者による現場調整会議を設置して細部の納まりなどを調整した。柱と梁の納まり、雨樋の配置や形状、電気設備の配管方法と位置、照明器具の種類や形態、配置、取り付け方法、構造物相互の接合部の取り合いや納まり、仕上材の材料や色彩など様々な事項に付いて工事関係者間の調整を行い、ようやく全体の統一感を保つことが出来た。色彩や緑化については色彩プランナーやランドスケープデザイナーの助言や提案を受けて現場と調整した。

道路のデザイン

道路は都市の基盤として重要なものであるが、都市景観上は過度に目立つ必要はないと筆者は考える。道路内には様々な装置や器具が交通の便や管理、規制のそれぞれの目的のために設置される。それは道路景観を見苦しくする要素にもなり、川の杭や岩などに流れてきたものが引っ掛ってしまうように、空き缶やゴミを捨てたり、放置自転車が置かれる格好の手掛かりになっていることが多い。湘南C–Xではいかに道路内の要素を減らし、沿道の街並みを引き立て、すっきりとした道路景観を実現するかに、デザインの視点を置いた結果、すっきりとした街路景観を実現できた。

⑴ 断面形状

宅地への車両進入による歩道部の切り下げや波打ちを無くして、歩道をフラットにして歩き易くするために、歩車道の横断面はセミフラットという歩車道の縁石の段差を連続して三〇㎜程度にして、車道部の雨水が歩道部に進入しないが、車両はスムーズに歩道部に入れるようにした。車が進入すべきでない部分は連続植栽帯や乱横断防止柵も取り付けて歩行者が飛び出さないようにも配慮した。宅地と歩道の高さを揃えて段差が生じないようにもした。殆ど全ての道路で沿道に歩道状空地を整備しているので、宅地の造成時からこうした配慮を要請した。

(2)舗装

地域の雨水涵養や、ヒートアイランド現象や雨水排水設備への過大な負担の軽減にも役立つよう、歩車道共に透水性あるいは保水性のある舗装材を用いた。歩道舗装材は汎用品を用い、後の補修時等における資材調達を容易にして、当初の歩道舗装のデザインが崩れないようにした。沿道の歩道状空地や街角広場の舗装も歩道の舗装と同材同パターンを用いるように要請した。さらに、官民境界はブロックは用いず、ステンレスフラットバーによる目地棒で識別できるようにして、歩道と歩道状空地の一体感、連続感を出すようにした。

(3)照明

地区全体が電線地中化されており、電柱類は街並みに出てこない。代わりに目立つのは道路照明である。高さが八ｍ位の車道用照明と四・五ｍ位の歩道用照明が街並みの中で目立つ。

そこで、車道用照明と歩道用照明を一体の灯具として、高さ八mのポールに取り付け三〇mピッチの千鳥配置として照明ポールの本数を半数以下に減らした。電球は車道も歩道も同じ一九〇ワットを用い反射板をそれぞれの角度に合ったものにして、電球の取替時に種類が多くならないように配慮した。

また、照明器具は夜間のために必要なものであり、昼間はむしろ邪魔な存在である。夜間も必要なのは光であって、器具ではない。そこで、照明の配置も高木植栽と同じライン状に配置し、色彩も湘南の松林の色をイメージさせる黒緑色とし、照明器具が目立たないようにした。

(4) 横断防止策

地区内の主要な道路の歩道幅員は四・五mを取ったが、歩行者自転車歩道とするため四mの有効幅員が必要となった。そこで、巾五〇〇㎜の余地に、乱横断防止柵機能も兼ねるトレリスフェンスを設置し道路全体の緑量を増やした。トレリスフェンスには、スイカズラやハゴロモジャスミンをからませ、根締めにタマスダレやフイリヤブランを植えて、四季それぞれの彩りを演出した。一方、辻堂駅北口大通り線ではかなり幅員のある連続植栽帯の中に歩行者や自転車が踏み込まないように、平鋼とT型鋼によるシンプルな進入防止柵を設置し、所々に三本のフラットバーを並べて腰をおろして一休みできるようにもした。

(5) 街路樹と植栽

地区内の歩道を持つ道路は全て緑量のある高木による並木道とした。植栽帯には、四季の季節感や彩りの変化を感じさせる様々な三〇種類程の低木や地被類をそれぞれの場所の変化を楽しんでもらうようにかなり密に配植した。

拠点となる緑（公園や広場）、緑のネットワークの骨格となる緑（街路樹）を主軸として、歩道状空地や、各敷地内の広場や外構の緑・緩衝緑地などをネットワークすることにより、湘南C–Xは地域の新たな緑の拠点を目指している。湘南C–Xの緑は南の湘南海岸の松林、北の城南斜面林、東の土打《つちうち》公園や引地川沿いの緑、西の東海道の松並木などとの新たなネットワークを形成し、エコロジーネットワークによる生物多様性の回復にもつなげていきたい。

しかし、湘南C–Xの植栽環境はかなり厳しいと思われる。特に昨今の夏の暑さに植栽はかなりダメージを受けているのではないだろうか。一つには土壌の問題がある。地区内の土壌を調査してみたが、土壌養分の指標が基準値以下で、養分の乏しい土壌で植物の生育には厳しい土地であることが分かった。また、透水試験の結果、水が溜まらず透水過良という状態で、乾燥期に水枯れを起こしやすい土壌であることもわかった。辻堂駅周辺は北の旧東海道の辺りまで砂丘が続いていて、近世に至っても農地としては痩せた土地であったと聞いている。線路に並行する辻堂駅初タラ線や以前の駅前広場に植えてあったユリノキ等も生育が遅いことが調査で判明した。そこで、植栽用客土と入れ替えたが、それでも樹木に厳しいのは、舗装面が多く雨水の浸透が少なくなりがちであること、舗装面の照り返しで葉が焼けることなどがある。植え放しではなく、この厳しい環境に生き残っていくよう綿密な手当を経年的にしていく必要があるように思う。

もう一つ植栽計画で残念だったのは、植えた高木が高さ三m程度の幼木であったことである。沿道の宅地内の高木が皆高さ六m程度の成木であったのに比べ、大変貧弱な印象で、夏の酷暑に耐えられないものも続出した。枯れて植え桝だけが残っているのは寂しい。新しい樹木を植えて、通りの風景が当初のイメージ通りになるのを待ちたい。

北口交通広場とデッキのデザイン

北口交通広場は以前にも小規模なものがあったが、辻堂駅の交通結節機能を強化するとともに、湘南C-Xのゲート空間を形成するために、倍程度の規模に拡大された。

北口交通広場の計画で、まず問題となったのが、広場へのバス・タクシー等のアクセスの仕方であった。広場に隣接して地域の幹線道路である辻堂駅遠藤線や辻堂駅初タラ線が既にあるが、これに直接広場を接続すると、全ての車両は右折で進入することになり、右折レーンを設けるために既存道路をかなりの長さに亘って拡幅する必要が生じるだけでなく、道路交通管理上も問題が多くなる。そこで、左折進入で処理できるように地区内に新設する道路に接続することにして、辻堂駅北口大通り線に北口交通広場が接続する現在のような計画となったのである。鉄道以南からのアクセスは、鉄道をアンダーパスしている県道辻堂停車場線の辻堂駅遠藤線との交差点から地区内に進入する一方通行の道路を新設してアクセスし易くした。

広場内の交通処理は、バス・タクシーのゾーンと一般車両のゾーンを明確に区分して、交通混雑が起きないように計画した。その外周に歩行者空間が用意されている。マイカーによる朝夕の通勤通学送迎は一般車両ゾーンだけでは、集中時に不足が予想されることから、辻堂駅初タラ線での一時停車も想定して道路設計が行われた。

しかし、区画整理事業の減歩率の関係から、規模は拡大したとはいえ、十分な広さを確保できた訳ではなく、自転車駐輪場や交番、公衆便所などの施設用地をこの限られた広場内でどう整備するかが、北口交通広場設計の大きな課題となった。

(1)デッキのデザイン

JR辻堂駅は橋上駅で、従来より辻堂駅初タラ線をデッキ（自由通路）でまたいで北口交通広場と連絡していた。辻堂駅の従前の乗降客数は約九万人／日（二〇〇二年）であったが、将来は、駅勢圏の居住人口はそれほど増えないものの、来街者数は大幅に増えると予想し、駅構内の鉄道南北を結ぶ自由通路を藤沢駅並の一二ｍに拡幅し、それに合わせてデッキ等も設計することになった。

北口交通広場の南端に初タラ線に沿って八m巾のデッキを東西に架け、駅からの自由通路と結ぶ。デッキの東西端部に地上のバス・タクシー乗り場や辻堂駅北口大通り線や辻堂駅遠藤線にアクセスする階段エスカレーターを設ける。一般車両ゾーンにも枝のデッキをつなげる。東はさらに辻堂駅遠藤線を渡ってデッキを延伸し、東側の既成市街地へ接続するとともに、西はテラスモール湘南で整備するデッキに接続できるようにする。このようにして東西デッキとJR南北自由通路・辻堂駅・南口デッキを一体的な施設として、地上の施設や各街区を相互につないで高低差のないデッキレベルでの快適で利便性の高い歩行者動線を実現した。

高さ六m以上に持ち上げられて長さ一〇〇mに及ぶ東西デッキは、そのスケールを生かして湘南C-Xのシンボルゲートとなるよう軽快感と斬新さのある構造デザインとした。デッキ床は無骨な箱桁形式を避け、スレンダーな合成床版形式とし、屋根を支える構造は三二㎜厚の鉄板を十字に加工したV字の柱と交差アーチ梁が連続する形式とした。ヴォールト(円筒状のアーチ)屋根はアルミ製のラチス(菱格子)構造である。

外装材は南側の駅から見える面は、昼も夜も電車の乗客にも目に留めてもらえるように、デッキ下部の駐輪場を隠す青の湘南カラーのガラススクリーンで縦縞模様を描いた。北口交通広場側は、民間街区の色々な色彩やバス・タクシーやマイカーの動く色彩が見えるのに対して、階段部も含め全体を白い横ルーバーで覆って、その存在感を静かに際立たせるようにした。

デッキ屋根の鉄骨構造は模型を作って検討するとともに、施工図、鉄骨工場での原寸検査、工場での試験仮組の立会いなど、何回も細部に至るまで確認しながらデザインを検討した。

(2)広場のランドスケープデザイン

先に述べたように、北口交通広場は思ったより広くない。広場には、車や人がしょっちゅう出入りする。色々な構造物が歩行者の邪魔をしたり、うるさい風景になるのは避けたい。そこで、東西デッキ下の空間を利用して、駐輪場、公衆トイレ、交番等の諸施設を組み込み、空間の複合的な有効利用を図った。同じような考え方で、バス・タクシー乗り場の庇の先端に照明を仕込み、デッキや駐輪場から漏れる光とともに歩行者空間の足下を照らし、照明ポールを別に立てないようにして、広場の景観がすっきりとするようにデザインした。

また、辻堂駅遠藤線に寄った所に従前の交通広場に植わっていたケヤキの大木をそのまま保存し、ケヤキやヤマモモ、カツラ等を新植して休憩スペースにもなる木立のポケットパークを整備した。いずれ樹が成長すると、木陰を提供して街を眺める程良い場になることだろう。

(3)駅の改良

駅は大きな改造は行っていないが、橋上駅前の南北自由通路を巾一二mに拡げて、切符売り場や改札口等の配置換えを行った。自由通路は辻堂駅初タラ線をまたぐ部分の天井高を低くし、東西デッキで湘南C-Xのパノラマを楽しめる劇的な視界の変化を創り出すようにした。

ホームの改良も行った。従前の一日九万人の乗降客が将来は約一三万人に増えると想定して、朝のピーク時の混雑緩和と湘南C-Xの集客力を勘案して、従前の巾約八mのホームを一二mに拡幅し、それに合わせてホーム上屋《うわや》の建替えも行った。従前の上屋の柱を利用した建替えで、湘南C-X側にはホーム上に一本の柱も立たず、ホームから大きな景観が楽しめる副次的効果もあった。

(4)南口交通広場のデザイン

北口交通広場の整備に合わせ、南口交通広場の改造も行った。広場の規模は変わっていないが、バス・タクシー乗り場等の整理を行い、バス・タクシー乗り場前の歩行者空間を若干増やすことが出来た。広場の南側の再開発ビルの低層部に公開空地と階段・エスカレーターを用意してもらい、南口デッキをそこに直結して、南口利用客の利便性、安全性を高めた。

(5)西口駅前広場のデザイン

JR辻堂駅西口は藤沢市域にあるが、その利用者の殆どは茅ヶ崎市民であり、西口広場は小規模ながら藤沢市の西のゲート空間としてのデザインを行った。

まず、駅舎も改築するとともに、跨線橋の巾を四mから六mに拡幅し、自転車の往来もできるよう、スロープ付き階段とエレベーターを整備した。湘南C-X側（北側）には西口広場を、辻堂駅初タラ線の歩道と一体となったポケットパークとして整備した。

駅の南側は、茅ヶ崎市とまたがる宅地を整理して、スロープ付き階段とエレベーターを収める階段室を新築し、周囲の道路も整備してタクシーの乗降やマイカーの送迎が駅前通りの交通を阻害することなく、安全にできるようにした。

神台公園のデザイン

神台公園は湘南C-Xのほぼ中央に位置していることから、湘南C-Xの緑のネットワークの中心となり、さらに地区の防災拠点としての機能も持つ。

当初の設計案は、真ん中に矩形の芝生広場を持つ左右対称の無性格なプランだったが、「土地利用・景観部会」の意見をもとに、南側のテラスモール湘南のランブリングストリートからの動線と公園内施設の連携、北側の病院からの動線、西の富士山を眺める視点場、将来の西側隣接宅地との関係、辻堂駅北口大通り線や辻堂神台東西線の街路樹と公園内樹木との相乗効果の出る配置の仕方、などを手掛かりに現在出来上がった公園の設計図が描かれた。

公園の南東の入口と北西の入口を結ぶ湾曲した動線で公園は大きく二つのゾーンに分けられている。北側は多目的に使える芝生広場、南側は、テラスモール湘南からあふれる人々を受け止める休憩と子供達の遊び場として設えられている。地下には耐震性貯水槽が埋設され、その関係で少し地盤が高くなっている。

まだ、樹木が若いので緑量は少ないが、成長しても少し緑が足りないだろうと思うのは私だけだろうか。もっと多くの高木を植えて林のような部分を創ったら、緑のネットワークの中心としての公園の位置付けがもっとわかり易く住民等に伝わるのではないか。

辻堂駅周辺地区の公園としては約一・一haという最大の規模を持つとはいえ、地域の中心的な公園としては中途半端な大きさであると感じるのは、区画整理事業の減歩により確保できる広さがこれが限度だったためであろう。

3　湘南C-Xまちづくり協議会

このように、進出事業者が決定し、施設計画の具体化の過程において「まちづくり方針」「まちづくりガイドライン」に基づく進出事業者と「土地利用・景観部会」のデザイン協議の場を通して、共にまちをつくる意識が醸成されてきた。

そこで、二〇〇七年に藤沢市とUR都市再生機構、地権者企業、進出事業者がこれからのまちの運営を考える「湘南C-Xまちづくり懇談会」を立ち上げ、完成後のまちの価値を持続させ、街を維持管理運営していく方策や芸術文化活動のあり方などの議論を始めた。

そして、二〇一一年テラスモール湘南の開業により、本格的なまちびらきが行われたのを契機に、進出事業者が中心となって、周辺住民や商店会、さらに藤沢市も参加する「湘南C－X まちづくり協議会」へと衣替えした。

その目的は、進出事業者だけでなく、新住民・周辺住民・商店会・NPO・行政の幅広い参加を促して、いつ来ても美しい清潔な街を維持すること、人々や事業者の交流により新たな都市文化を醸成し発信していくことである。そのために、今後も「まちづくり方針」を遵守し、「まちづくりガイドライン」に沿ったまちの運営を行うなど、主体性を持ったまちづくり活動が期待されるのである。

4　創造的デザインが実現したこと、うまくいかなかったこと

なぜ、事業管理と創造的デザイン協議がうまく機能したか

湘南C－Xの都市再生事業が短期間にスピードを持って遂行されたのは、先手必勝とも言うべき以下のような取組みがあったからだと筆者は考える。

①藤沢市にイニシアティブがあったこと。本地区の都市計画の従前用途地域は工業専用地域に指定されており、工場から住宅や商業施設等への土地利用転換は認められていない。「都市計画提案制度」という地権者等が一定規模以上の一団の土地について都市計画の決定

や変更を提案できる制度があるが、その要否の決定権は自治体にある。しかし、市は工場の撤退後、間髪を容れず「都市再生ビジョン」を作成したので、地権者が土地利用転換を図るには、市が示した「都市再生ビジョン」に従って計画を市に承認してもらう以外に都市計画を変更することはできなくなった。そして、再開発促進型地区計画制度による土地利用誘導と工業専用地域の規制緩和を行うことで土地利用転換の道筋を付けたのである。市が手をこまねいていたら、このようにスムーズに計画的な土地利用転換は進まなかったであろう。

②幾つものパートナーシップの仕組みで市民や地元、地権者等の合意を取り付けてきたこと。前記のイニシアティブを確実にするため、「藤沢市辻堂駅周辺地域まちづくり会議」「茅ヶ崎市辻堂駅西口周辺まちづくり市民会議」による地元合意形成、茅ヶ崎市との「行政まちづくり調整会議」による協働体制の構築、藤沢市と地権者による「地権者会議」と「まちづくり検討調査協定」「湘南C-Xまちづくり基本協定」の締結、市主催の「辻堂駅周辺地区整備基本計画検討委員会」での方向性決定などにより、市主導で市民、行政、地権者のスクラム体制を築いて、関係者の合意を背景に事業の迅速な進行が可能になったことも大きい。

③特に地権者と市の間で取り交わされた「湘南C―Xまちづくり基本協定」により、都市再

生事業の目標事業スケジュールや地権者と行政の応分負担の原則、土地処分シナリオ等が明確になり、事業の方向性が共有されて両者の役割分担と相互の信頼関係が強化されたことが大きい。

④国の「都市再生緊急整備地域」の指定を受けて、都市計画の規制緩和、優先的な国庫補助金の確保、税制緩和措置などにより、事業計画が早期に見通しが立ったこと。

⑤行政と専門家の一貫した継続的なチームを組んで当たってきたこと。市では工場の全面撤退が表明されるとすぐに、市長特命で担当チームを編成し責任者として筆者の一人である長瀬が異動することなくその役目を担ってきた。また、都市デザイナーである菅も行政チームの編成直後から「都市再生ビジョン」の策定を皮切りに様々な局面に関わり、全体を視野に収めながら行政チームを支える役目を負ってきた。こうしたチームが持続的に機能することによって、計画や事業が途中でブレることなく進行できた大きな要因ではないかと思われる。

次に、創造的デザイン協議の試みがうまく機能したのは次のようなことによると考える。

①「まちづくりガイドライン」とステップを踏んだ協議が有効に機能したこと。画一的な定量基準だけでは建築物に対する画一的な規制として受け止められ、自己の建築にしか設計者の目が届かないが、地区の「空間形成の方針」や街路ごとの「公共施設、沿道空間

計画の指針」を示すことで、設計者の目が敷地から外に広がり、敷地と公共空間の関係、敷地相互の関係を創造していく手がかりを与えることができたと思う。「まちづくりガイドライン」で「遵守事項」と「協議・誘導事項」を組み合わせて創意工夫の余地を示し、基本構想・基本計画・基本設計・実施設計の各ステップごとに意見交換をすることによって、コンセプトの段階から具体の設計に至るまで、事業者・設計者が自分で考えることを促すインセンティブになったと思われる。

②ワンストップ協議の効果。「まちづくりガイドライン」に「建築基準法の日影制限」や藤沢市の「建築指導基準」「開発行為および中高層建築物に関する指導要綱」「景観地区の基準」等の準用を盛り込むとともに、地区計画の「地区整備計画」手続きとも連動させることにより、行政の各担当手続き窓口でいちいち協議・調整しなくても良いように部会での協議・調整に一本化することにより、設計者が創造的な設計に力を発揮して、部会でのデザイン協議に集中できるようにした。

③模型やガイドプランなどわかりやすいツールによる協議。地区全体の模型を使ってそれぞれの敷地の文脈をお互いに読み解きながらの意見交換や、街区デザインガイドプランや代替案など具体的なデザインを提示することで具体の姿形がお互いに確認でき、意見交換や調整指示が観念的にならず、デザインの善し悪しを具体的に議論できたこと。デザイン

協議の場が事業者・設計者と土地利用・景観部会メンバーが対立あるいは上意下達の関係ではなく、お互いのアイデアを出し合いデザインを高め合う場になったことも大きい。

反省点と今後の課題

概ねはうまくいったと思っているが、自分たちで計画設計する訳ではないので、難しい場面もあった。

(1) 駐輪場

一つは駐輪場の配置と設えである。自動車はその大きさと走行性能から自ずと制約があり、計画的に駐車場を設定して、他の場所に駐車することを規制することができる。ところが自転車は歩行支援の交通手段であって、大きさも小さく、小回りも利いてどこでも走行できるので、どこにでも止めることができる。運転者の心理としては目的地のすぐそばに止めたい。一方で勝手に止められては、歩行者の安全で快適な通行を妨げてしまう。施設の事業者にとってみれば、利用者の便を考えて、施設の直前に置きたいが、一方施設計画上、特に商業施設にとっては店の前に置いては商売の邪魔にもなる、という二律背反的な存在でもある。そして、計画や設計のプロセスでも、駐車場の計画や設計は施設建築の計画設計と歩調を合わせて進められるのが常識だが、駐輪場となると先のような自転車の自在性から少し後回しにされる傾向があった。地区内の施設計画を見ても、計画設計者が、当初から駐輪のことを考えて設計した施設とそうでない施設には大きな違いが出ている。そうでない施設の近辺では公共空間に自転車が放置されてしまうのである。今後、日本では都市内で自転車の日常利用がさらに増えるだろう。都心のマンションでは付置義務駐車場が駐輪場に利用形態を変えている所も続出している。

また、駐輪ラックのデザインも日本ではまだ未熟な安かろう悪かろうのものが多い。歩行者空間に置かれたら、足をぶつけて怪我をしそうなデザインである。外国ではストリートファニチャーとして自転車を止めてなくてもそれ自体絵になるような駐輪ラックがあちこちで見られる。パリのレンタサイクルの VELIB のラックのデザインなど日本でも話題になったが、日本ではまだこうしたデザインのラックは見当たらない。公共空間の捉え方の違いがそこでわかる。商業・業務施設での駐輪場の計画をきちんと考えておかねばならないと、今更ながらに思う。

(2) 屋外広告物

屋外広告物は、日本では景観の向上と広告効果との関係で一番対応に苦労する事案である。ここでは、湘南C-Xでの対応を紹介しておく。

湘南C-X特別景観形成地区の景観計画および景観計画に対応する藤沢市屋外広告物条例では、当初、屋外広告物の高さは全て地上より一〇m以下と規制していた。しかし、高い位置に置かないと広告効果が薄れるということから特例許可を設けることにした。ただし、通常の屋外広告物については、区域内一律に一〇m以下とすることを徹底して、湘南C–Xの統一感を守っていくために、特例許可の対象にはしないことも確認した。

特例許可の対象は次の三つである。

①産業関連機能ゾーンの既存の屋外広告物は旧条例によって設置されたこと、また「土地利用・景観部会」で街並みの統一感を保持しつつそれぞれの施設名称等の屋外広告物を今の位置に誘導した経緯を踏まえ、条例による三年ごとの更新時には、現状維持を条件に特例許可の対象とすることとした。

②商業上の宣伝ではなく、公益上または非常時対応等の必要性で明白な理由がある屋外広告物については、景観または風致の向上に資する位置、形状、デザインについて個別に「土地利用・景観部会」で判断して特例許可とすることとした。この事例は湘南藤沢徳洲会病院のサインであった。当初事業者からは医療機関として遠方から視認できる最上部にロゴマークと病院名を入れた夜間もわかる内照式の屋外広告物を設置したいと「土地利用・景観部会」に協議してきた。そこで部会では、幾つかの大病院、救急病院の屋外広告物を調査し、病院の国際的なアイコンである十字マークなら特例許可として認めることとし、幹線道路から視認できる位置に、緑色の十字マークを付けることで決着した。

③テラスモール湘南のような大規模な敷地の屋外広告物については、その敷地規模や施設の

規模から判断して、壁看板の表示面積について、景観の向上に資する位置、形状、デザインについて個々に「土地利用・景観部会」で判断して特例許可とすることとした。ただし、設置高さについては、特例許可の対象とはせず、デッキ面に面する壁面の看板のみ、デッキ上からの視認の機会が多いことからデッキの高さ（七m）を加算した一七m以下と読み替えることとした。

(3)緑化

都市の緑化は、地球温暖化やヒートアイランド現象、生物多様性の回復など現代都市が避けることのできない大きな問題に対処する際の不可欠の手法である。しかし、緑化は相手が生物であり、雨水浸透力の向上や都市の微気候の正常化に寄与する公園や宅地の舗装面の縮小、雨水涵養を進める雨水排水システムの開発、地域での日常的な緑の維持管理なども併せて考えていかないと駄目である。湘南C-Xでも緑化を推進して、藤沢市内でも将来緑豊かな地区になると思われるが、緑を支える都市の基盤のあり方や、維持管理のためのエリアマネジメントはこれからの課題である。

(4)防災減災まちづくりの再構築

東日本大震災を機に、都市の災害からの回復力、日常的な防災減災、低炭素社会の実現、エネルギー・水・食などの地産地消や安定供給、交通・輸送機関の代替性の確保などが、生活や産業活動を安定して継続する条件として改めて評価されている。日本では、高度成長期を含む一九五九年の伊勢湾台風から一九九五年の阪神淡路大震災までの時代は大災害の空白期間に当たり、防災性を考慮したまちづくりの意識は希薄だったと言える。しかし、東日本大震災以降、短期集中的な豪雨や台風、竜巻などが頻発し、日本列島は大自然変動期に入ったとも言われている。防災減災の再構築に正面から取り組んだまちづくりのイメージは東日本大震災の被災地の復興でもまだ明確な姿を現してはいない。湘南C-Xでは取り組めなかったが、これからの都市づくりの大きなテーマになっていくに違いない。

（菅　孝能）

第六章
これからのまちづくり

集合住宅ゾーン　４棟の高層住宅が街並みのリズムをつくる

1　まちづくりに関わった主体はどのように都市再生を評価しているか

本章では、これからのまちづくりを展望するために、1節から3節において、湘南C-X都市再生事業について検証し、4節で課題を整理する。その上で、5節で人口増加・経済成長を前提とした都市のパラダイムを検証し、6節以降で、低成長・成熟化時代のまちづくりのあり方を提案する。

はじめに、湘南C-X都市再生事業に関わった、地元住民・市民、進出企業が現時点で、湘南C-Xをどのように評価しているか専門家の評価を含め以下のとおり整理する。

周辺住民や市民の評価

二つのまちづくり会議、地元の辻堂・明治・大庭・辻堂西口地区住民や地元商業者等とのグループインタビューにより集めた「気づき」や市民・来街者から寄せられた湘南C-Xに関する意見等をもとに、「環境・アメニティ（快適性）」「利便性」「安全・安心」「交流・活動」の四つの要素に分類し、向上した点、改善を要する点などを以下のように整理した。

①環境・アメニティ（快適性）

閉鎖的な工場の街から広々とした、明るい街へ変貌したこと。一㎞圏内の街は快適に歩いて移動ができること、街並み景観が美しいこと。緑が溢れる心地よさを感じること、デッキから富士山が見える眺望が素晴らしいこと。夜、北口デッキが美しいシルエットを見せること。市境の既成住宅地と開発住宅地の間は緑のモールで生活環境が向上したこと。課題として、広場前の複合ビルに窓広告が氾濫し、街並み景観を阻害していること。街路樹、敷地内植栽の管理が行き届いていないことなど。

②利便性

駅機能の快適性が向上したこと、子育てに関連する機能が充実したこと。バスの定時走行が向上したこと、交通広場でマイカーが市民権を獲得したこと。多様な機能集積が生活の質を高めたこと。ふらっと訪れても憩いの場があること。世代間でショッピングが楽しめること、病院の帰りに寄り道する楽しみがうまれたこと。他都市に行かなくとも買い物がエンジョイできるまちが身近にあること。辻堂駅西口改札の快適性が向上したこと。鉄道とバスの乗り換えがスムーズになったこと。課題として、土休日の交通渋滞が解消されないことなど。

③安全・安心

人にやさしい歩行空間が形成され、総合病院が身近になり安心感が増したこと。夜道でも安心して歩けること、開放感がある空間が安心感を生むこと。課題として、南北自由通路の自転車通行のルールが必要なこと。開発地周辺の生活道路に通過交通流入が一部で生じていることなど。

④交流・活動

まちに若者が戻ってきたこと、途中下車をしたくなるまちの魅力があること。課題として、広場・デッキ・歩行空間・公園を活用したイベントがあまり行われていないこと。施設内の交流が乏しいこと、周辺住民と進出企業の交流が少ないこと。地元商店街と大型商業施設間の回遊性や地域交流が不足していること。市民が参加する交流機会が充実していないこと。湘南C-Xブランドの宣伝を活発化させることなど。

このような周辺住民や市民の評価をまとめると、「環境・アメニティ（快適性）」「利便性」「安全・安心」面からは、市民生活の身近な環境である、買い物、医療、生活サービス、余暇活動の場がコンパクトに集積し、生活実感を通じて生活環境や生活の質が高まったことにより、自分たちが自由にライフスタイルを選択できる可能性が広がったことが一定の評価となった。まちづくりへの参加を通じて皆で考え議論し、提言したことが「まちのかたち」につながった実感が、満足感を醸成したものと思われる。また、市民から休日の交通渋滞や自転車利用に関するルールの必要性が指摘され、改善を図る課題といえる。一方、「交流・活動」面では、交流や活動を誘発する仕組みに欠け、場を通じて交流文化を育んでいく重要さが指摘され、今後のエリアマネジメントの課題といえる。

進出企業の評価

湘南C−Xに進出した企業は、本社・研究開発機能を中心とした「産業関連機能ゾーン」五社、高度先端医療・メディカルフィットネス機能を中心とした「医療・健康増進機能ゾーン」二社、公共サービス・業務機能を中心とした「広域連携機能ゾーン」六社、商業・アミューズメント・文化機能を中心とした「複合都市機能ゾーン（A街区）」四社、都市型住宅機能を中心とした「複合都市機能ゾーン（B街区）」三社、産業関連ゾーン内は、街路事業に伴い地権者の住宅・事務所・店舗等で構成されている（101頁・表1参照）。進出企業者会議や個別のヒアリングを通して寄せられた意見をもとに、「地域価値」「活動環境」「地域の魅力」「エリアマネジメント」の四つの要素に分類し、向上した点、改善を要する点などを以下のように整理した。

①地域価値

足元圏は所得水準が高く、消費牽引力のある世代が多く居住する成長エリアであること。

鉄道沿線の広域圏から集客が見込める立地特性であること。気候・風土や歴史・文化において地域の固有性を有すること。調和と個性が併存する街並み景観は地域価値を高めること。消費力がある三十五歳から四十四歳のボリュームゾーンが突出している人口動態であること。湘南イメージが地域価値を高めたこと。創造的デザイン協議の場は、進出企業の地域貢献を高めたこと。課題として、地域の価値を持続させる取り組みが必要なことなど。

②活動環境

羽田・成田空港へのアクセスが充実し、海外ビジネスに不便性は感じないこと。東京・新宿方面のアクセスが良く、自然環境の中でのビジネスの快適性・利便性が高いこと。研究開発、試作品の研究を保障する土地利用環境が確保されていること。従業員の通勤への利便性の評価が高いこと。地域から優れた人材を確保できる環境にあること。本社移転を従業者との協議の中で、湘南ブランド、生活環境、駅直近のアクセスが高い評価を得たこと。課題として、平日と土休日で車利用の需要が異なるため、駐車場のエリア内利用の仕組みをつくることなど。

③地域の魅力

背景となる相模原台地の緑地や富士山を眺望できる景観は街に潤いをもたらすこと。交通の利便性が高く、駅直近にコンパクトに多様な機能が集積していること。住宅を希望する理由として、生活環境の豊かさ、多様な機能の集積の魅力、安全安心が充実した環境、駅からの至近距離が消費者から評価を得たこと。課題として、広域連携機能ゾーンの藤沢市所有地の土地利用計画は明らかにすることなど。

④エリアマネジメント

歩道状空地（私有地）と歩道空間（公有地）の維持管理の仕組みが課題であること。進出企業が協力して、湘南C-Xのブランド力を高めるマネジメントが求められること。地域住民との交流の必要性を感じていること。地元商店街を含めた回遊性を高めること。地元大学生、若者世代の参加によるイベントや個性的活動の発信性を高めることなど。

このような進出企業の評価をまとめると、物理的環境、立地特性の強み、地域資源を活かしたまちづくり手法については大方の評価を得ている。また、湘南ブランドが企業イメージを高める効果をもたらしたと思われる。市民からの指摘と同様に、良好な環境や地域の価値の維持向上のためにエリアマネジメントの必要性が指摘され、地域ぐるみの維持管理に関する課題やブランドイメージの向上、地域活力の持続といった面では、進出企業の連携による主体的な取組みが必要といえる。

2　集客装置「テラスモール湘南」がどのように評価されているか

二〇一一年十一月にオープンしたテラスモール湘南は、当初計画から延べ床面積・店舗面積を縮小し、延べ床面積約一七万㎡、店舗面積約六万三〇〇〇㎡とし、二八一店舗が出店。開業当初年度は来場者数二〇〇〇万人、売上目標（当初目標を堅持）四〇〇億の目標を掲げていたが、一年を経過した時点で、初年度売り上げ五〇九億円、来場者数（レジ通過客数）二三七〇万人と目標を大幅に上回ることができた。

様々な専門家の評価をまとめると、

①郊外の地方都市（首都五〇㎞圏に位置）において、すべての世代と客層を対象とした、商品やサービスを提供している。適切なターゲットに対して、タイミング、価格、量などのマーケティングミックス（望ましい反応を市場から引き出すために、様々なマーケティング・ツールを組み合わせること）を供給する、新しいライフスタイル型ＭＤ（マーチャンダイジング）を軌道に乗せるショッピングセンターであること。

②来店客数が平日に対して土休日が一・二倍（全国平均は二・五倍）と、平日の売り上げが予想を超えて高く、三六五日集客に大きな変動がない。小売業の最大の課題である「平日

＝日常」をいかに活性化させるかのひとつの答えを導いたこと。
③来場者は、地元の藤沢市はもとより、西側の平塚・小田原や当初想定していなかった大船・横浜市南西部からも多く、消費流出に歯止めがかかったこと。
④「郊外から都心部への回帰」というトレンドがある中で、あらためて駅前の「場力」が見直され、平日、休日ともに全体の三〇％が鉄道利用者となっている。客層もヤングマダム（二十代の主婦層）、三世代にわたるファミリー層、若者世代など幅広い客層になっている。とりわけ男性客の集客も多いのが特徴であること。
⑤湘南を前面に押し出したブランディング（顧客や消費者とって最も価値のあるブランドを提供すること）が奏功した。藤沢（藤沢駅中心商業地）では我慢し切れず、これまでであれば東京・横浜まで足を延ばしていた若者層を呼び込むことに成功している。その戦略は「現在は、一人の人間でもその時々で必要とするものが変わる〝一人十色〟の時代である」。GMS（総合スーパー）や百貨店を核テナントとする画一的な従来型SCには出店しないような専門店を集めたことが若者を呼び込むことになったことなどが評価されている。
住友商事グループは、二年目に向け、新しい客の取り込みと既存顧客に新たな上質な生活提案ができるブランドを導入、食品売り場をデパ地下並みの売り場効率に引き上げる改革とサービス面の充実など、再来店頻度を高める取組みによりリピーター（消費者を繰り返し来店させ

ること）効果を追求している。

このような専門家の評価をまとめると、湘南という地域は、いい意味で価値観やライフスタイルが成熟した地域である。平日は東京や横浜などへ出勤するなど都会的な感性を持つ一方、休日は湘南の海や風、空といった自然の中で生活を楽しむ。この「オン」「オフ」の切り替えが明快なライフスタイルを、より豊かにしていくための「消費空間」を選択できる場が広がったといえる。

3　都市再生により市民は何を獲得したか

市民が獲得したもの、地域経営として獲得したことは何か。

①社会的利益の創出。辻堂駅ホームの拡張や本屋口《ほんやぐち》（駅務室などをおく建物にある改札口）・西口駅舎の機能強化により、朝夕のラッシュアワーの混雑が解消され安全・安心が確保されたこと。北口交通広場等の整備によりバス等の公共交通の駅へのアクセス時間の短縮と駅接近性の向上やマイカーによる送り迎えによる交通混雑の緩和と円滑化が図れたこと。辻堂駅遠藤線と並行して北口交通広場と国道一号線をつなぐ幹線道路の整備により、駅目的交通と通過交通の分離がなされ地域全体の道路環境向上が図られたこと。多様な

機能が集積するコンパクトなまちは、市民生活の利便性、生活の質を高める効果をもたらしたことなどである。

②商業圏域の拡大と消費者流出の歯止めをかけたこと。新しい多核モールによる街並みと一体となった複合都市機能ゾーン、医療・健康増進機能ゾーンなどの実現により、来街者が平日で約四万から五万人、土休祭日で約一〇万人以上が訪れるまちに変身した。縮小傾向にあった商圏が、西は小田原方面、東は鎌倉・戸塚方面、北は海老名・大和・寒川方面までに拡大され、消費者流出に歯止めをかけることができたこと。複合都市機能ゾーンの商業機能集積は駅南口・北口の既存商店街に変化をもたらし、すみわけと連携による高齢者等への日用品サービス強化、約一万二〇〇〇人のエリア内で働く人へのサービス提供などへ徐々に構造転換がなされつつあることなどである。

③新たな雇用の創出。産業関連機能ゾーンへの研究機能・本社機能等の集積、医療・健康増進機能ゾーンへの高度先端医療病院・メディカルフィットネス等の進出、複合都市機能ゾーンへの商業機能の集積等によって第三次産業を中心に約一万二〇〇〇人の新たな雇用を創出したことにより、当初の計画目標一万人の雇用確保が実現されたことである。

④地域価値を高める効果。地域ブランドの誘発により、二〇一二年春に発表された地価公示価格では、神奈川県内で本辻堂地区と川崎市・武蔵小杉地区、横浜市・戸塚地区などが

地価を向上させる場所となったこと。「湘南C-X」の地域ブランド力の発信により、辻堂駅周辺の工場跡地、社宅・寮、田畑・未利用地等が集合住宅地へと土地利用転換が徐々に行われ、若い世代を中心とする新たな人口流入現象が起きている。その結果、横須賀市を抜いて県内第四位の人口規模となったことである。

⑤事業経営に関する事項。地権者企業四者は、土地売却により企業処理・リストラ資金の捻出、工場閉鎖と本社機能移転と研究機能の集約、遊休資産の付加価値を高めた売却等の目的を持ち、概ね達成したこと。地権者企業は単なる土地売却ではなく、新たな都市を再生する地域貢献を通じて企業イメージを高めたこと。UR都市再生機構は地方都市の新たな都市再生モデルのノウハウが蓄積されたこと。藤沢市の財政構造への寄与として、工業専用地域から商業地域への土地利用転換により約四〇万㎡の建物延床面積の出現や本社機能などの進出により、固定資産税、法人市民税等の市税収入が年間約二〇億円以上見込まれ、新たな財源の確保が図られたこと。また市の財政面の分析から、本事業に投資した一般財源（起債等含む）約一五〇億円については、開発区域内の新たな税収により今後約一〇年間で投資資金の回収が見込まれること。更に、雇用の創出、多様な都市機能の集積により、地域経済への波及効果が見込まれることなど、地域経営全体を通じ、郊外地の都市再生による新たな地域経営モデルの構築、パートナーシップによる相乗効

果が発揮された都市再生事業といえる。

4　持続可能な「まち」にするためのエリアマネジメントの追求

エリアマネジメントとは、良好な環境や地域の価値の維持・向上を図ることにより持続可能なまちにしていくためのソフト・ハードを含めた住民、事業者、商業者等の主体的取組みによる地域経営といえる。

湘南C-Xを始め、大崎五反田地区・汐留地区・六本木ヒルズ地区・恵比寿ガーデンプレイス地区等の都市再生は、工場跡地、貨物ヤード跡地、大規模公共用地跡地などを「種地」とした地域リノベーションにより、新たなまちの「かたち」と「多様な機能の集積」を図り、地域価値を高めるプロジェクトである。選ばれ続ける持続可能な「まち」としていくには「エリアマネジメント」が機能するかにかかっている。

先行して、都市再生事業を行った地区では、試行錯誤を繰り返しながら、公民協調の「大丸《だいまる》有《ゆう》エリアマネジメント協会」、「東五反田街づくり協議会」などが組織され、活動が始まっている。例えば、大丸有地区（大手町・丸の内・有楽町地区）では「再開発協議会」が設立され、まちづくりガイドラインが作成され、まちづくりのルールに基づき再開発が実施された。次に、パートナーシップ組織としての「まちづくり懇談会」の組織化によりまちの魅力づくりや文化発信の在り方が議論され、まちの維持管理運営のマネジメントを行う「大丸有エリアマネジメント協会」が設立され、企業・就業者・学生などによる会員約二〇〇名の組織が始動している。このようにまちづくりの時間軸に沿って、まちづくりの主体の広がりと連携を醸成する仕掛けと仕組みといえる。

湘南C-Xでのエリアマネジメントの仕組みは、四段階のステップを経て徐々に移行されてきた。第一ステップとして始動期のエリアマネジメントの仕組みをつくるために、住民参加の仕組みがつくられ、都市再生事業の推進主体となった。第二ステップとして、進出企業が決定し、施設計画の具体化の過程において、まちづくり方針・まちづくりガイドラインなどに基づき、進出企業と景観部会による創造的デザイン協議の場を通して、共にまちをつくる意識が醸成されてきた。第三ステップとして、本格的な都市基盤整備が進展し、進出企業が出揃った時点で、藤沢市とUR都市再生機構、地権者企業が連携して、進出企業を交えた「湘南C-Xまちづくり懇談会」を設立し、完成後に「地域価値を持続させ」、「選ばれ続けるまち」にするため、進出企業が主体となった地区の管理・運営等のあり方を検討してきた。第四ステップとして、二〇一一年十一月の大規模誘客施設のオープンを契機に、実践期のエリアマネジメントを担うため、進出企業が中心となり、周辺市民や商店街等と連携した、仕組みづくりが急務の課題となっている。

都市再生に関わってきた多様な主体の評価から明らかなように、湘南C-Xが選ばれ続けるまちにしていくため、持続的に地域を活性化させ、地域課題を地域の進出企業が中心となって解決していくことが求められている。その活動の内容として、

①開発地域全体の維持管理。例えば、地域内での半公共空間（民間であるが公共空間のように地域住民が利用している空間）や民有緑地帯、街路灯の維持管理、清掃の一元化による美しい環境の維持活動、駐車・駐輪場の総合利用のための運営システムの構築。

②ブランド力の発信。徹底的に追求してきた「湘南」イメージに磨きをかけ、常に斬新なものにしていくために、多様な人々が参画する文化芸術活動や交流機会の醸成。

③地域価値を持続させるための地域ルールの遵守。例えば、市民、進出企業から窓広告の氾濫は見苦しい景観の要因となるとの指摘があり、地域ルールの遵守を行政だけに頼るのではなく、地域が監視し、まちの成熟に合わせたルールにしていくためのまちの地域ルールの運営の仕組みづくり。

④進出企業と地域住民、商店街との連携。例えば、地域の祭りやイベントなどと連携した新しいコミュニティ形成、地元商店街と連携したイベントや回遊空間づくりなど、地域内を融和させる活動や湘南C—Xを発信するために独創性のあるイベントなどの開催。

⑤交流と参画。エリアマネジメントは進出企業だけでなく、新住民・周辺住民・商業者・NPOなど幅広く参加を促す仕組みをつくりだすことである。

エリアマネジメントの国内外の先行事例から、マネジメントに要する運営費、維持管理費等の資金調達が大きな課題となっている。国内の先進事例では、広告費収入、会員からの負担金、受託事業収益等が主な収入源となっている。また大阪駅周辺地区では、大阪版BID制度（Business Improvement District）の導入に向けた検討が進められ、エリアマネジメントの仕組みと制度的位置づけ、税制緩和、公物管理委託や企業負担金等による財源確保、公共空間の利活用などの方策が検討されている。海外の先進事例として、アメリカでは市街地の活性化を図るために、区域内の不動産所有者負担金として一定額を徴収し、その資金を地域の活性化に活用するBID制度が普及し、ニューヨーク市内では観光客が多く集まるタイムズスクエア、ローワーマンハッタン地区をはじめ四六のBIDが存在しており、それぞれの地域が自らの手法で地区の活性化を行っている。

地域の課題を地域の企業が自ら解決し、持続ある発展を目指す時代である。湘南C-Xでも、空間の質を維持し、湘南の魅力が常に発信され、市民が生活実感として感じ取れるエリアマネジメントを追求する時がきている。エリアマネジメントが動き出すことで、進出企業が地域に着陸し、地域住民との融和・交流が初めて可能となる。当面は、進出企業からの負担金、各企業が歩道状空地や広場に要する維持管理費の一元化、広告費収入、自治体からの清掃業務委託等による収入をもってマネジメント費用に充てることが考えられる。

いずれにしても、持続性と市街地の活性化を図るために、進出企業の連携により、地域に溶け込む思い、地域に着陸する姿をエリアマネジメントとして具体化していくことを期待したい。

5 人口増加・経済成長を前提とした都市のパラダイム

拡大・成長する時代の都市のパラダイムには、概ね五つの方向性や戦略が内在していたと考察できる。

①人口増加を前提とした経済成長（GDP拡大）志向の開発モデルの追求。

②首都圏をはじめとする三大都市圏への人口流入による人口の収容と工業立地開発モデルの追求。

③終身雇用・年功序列賃金等の雇用制度と国の持ち家政策による核家族を中心とした持ち家取得の追求。

④福祉国家の理念に基づく社会保障制度（社会保健・社会福祉・公的扶助・保健医療公衆衛生）の追求。

⑤国の全国一律政策方式と経済成長を前提とした自治体の市民税等の増加、そして地方交付税・国庫支出金等を前提とした、公共事業や各種サービスの充実など横並び型都市づくりの追求である。

全国はもとより、首都圏に位置する神奈川県内の自治体でも、現在まで、右肩上がりの経済成長を前提につくられた制度のもと、地域活性化を名目に市街地整備、社会インフラ整備、産業基盤整備や土地利用の規制・誘導が行われてきた。

経済成長期の都市計画やまちづくりは、急激な都市の拡大における新たな住宅供給が主眼であり、快適性や地域の個性はどちらかというと後まわしにせざるをえない状況にあった。

安定成長期に入り、市民が身近な自然景観の保全や歴史的街並みの保全に関心を示し、環境を保全するための社会運動が全国に広まっていった。現場に最も近い基礎自治体は、市民ニーズや社会の動向をきめ細かく汲みあげながら、景観条例、自治基本条例、まちづくり条例、宅地・建築物開発指導要綱などを制定し、住民主体の景観まちづくり、行政計画への住民参加の仕組み、地域特性に応じた地区レベル計画の策定、開発協議の手続き、景観まちづくりを担う市民活動への支援などの実践型まちづくりの仕組みをつくりだした。

このように自然景観や個々の住民の心の豊かさを充足する試みはされてきたが、経済成長時代の主流は、公共交通の混雑や車の渋滞、生活環境の改善、市街地の安全・安心の確保といった課題に対して、経済の成長で後追い的に問題解決を図ることを前提としていた。

人口増加・経済成長時代から低成長・成熟化時代へ移行する中で、都市やまちに疲弊や歪みが生じてきた。高度経済成長期を通じて、駅前の顔づくりと中心商業地の活性化を図るために、市街地再開発事業などにより百貨店、大型商業施設などの核テナント誘致を行い、ないものねだりや、ひたすら東京を模倣する施策が地方都市や中核都市を中心に行われた。完成時には成功したかと思われたが、バブル経済崩壊後、流通業界を取り巻く環境変化、郊外へのショッピングセンターやロードサイド店舗の大量進出、中心市街地の人口減少・高齢化などが起因して、大型物販店の撤退が相次ぎ、中心商業地の空洞化・地盤沈下が止まらない現象が生じている。

また、都市再生緊急措置法に基づく規制緩和と民間活力の導入による、都市再生・地域再生を目指して、地方都市でも都市再生緊急整備地域の指定を受けた。例えば、低金利や容積率の緩和の下で、大規模商業施設、オフィスビル、マンション等が建設された。しかし、多くの地方都市では供給の増加に需要が追いつかず、中には既存施設との共倒れ、地元商店街の衰退といった新たな地域の疲弊を生み出している。計画は策定されたが、地域経済状況の変化や需要の低迷により、事業者が計画段階で撤退し、駅前に多くの空地が出現するなど、実体経済にあわない計画の頓挫が自治体財政を逼迫化させる要因を生み出している。

6　「選ばれ続けるまち」とは何か

わが国は、本格的な低成長・成熟化時代を迎え、経済成長を前提としない課題解決を図ることにより、人々が「豊かさ」「幸福感」が実感できる、持続可能な都市を構築していくことが求められている。人々が求める真の「豊かさ」とは必ずしも経済成長を必須としない。個々の市民が等身大の幸福感をどれだけ充実させたかが都市の成功の証となる。私たちは、経済成長時代を通じて一定の物的豊さを実現し、地域環境や街並み景観の保全・形成活動を通じて、地域資源・社会関係資本の充実と向上に向き合い、多くの社会ストックを蓄積することにより、市民が共有する「市民的資産」という「価値」を獲得してきた。これまでの時代は「量を増やす」こと、"More is better"が世の中の主要な行動規範であったが、これからの時代は「量」より「質」、「壊す」より「使い続ける」、「大量消費」から「個性化・本物志向」を重視しなければならない。モノや情報に溢れた複雑な生活よりも、シンプルな生活の方が幸せという考えもあり、都市を見る価値観の大転換が始まっているといえる。

地方分権一括法の制定（一九九九年）の答申には、「基礎自治体は、地方自治体を地方政府と呼ぶにふさわしい存在に高めていくためには、何よりもまず、住民に最も身近で基礎的な自治体である市町村の自治権を拡充し、これを生活者の視点に立つ、地方政府に近づけて行くことが求められる」とうたわれている。このことは、自治体が何をするかで差がつく時代が到来したといえる。

市民が求める「住み続ける」「選ばれ続ける」まちの追求は、これまでのような全国一律の政策だけでは実現できない。なぜならば、個々の市民の豊かさの充足や地域資源を次世代が継承するためのまちづくりに必要な条件は、地域の特性や固有性によって異なるからである。だからこそ、市民主体のまちづくりを追求していくために、自治体は独自性・固有性にもとづく生活環境の維持・向上や地域価値を増幅させる制度、仕組みを住民との協働で編み出していく必要がある。

湘南C－X都市再生で試みられた市民とのパートナーシップによるまちづくりは、自治会・町内会単位としたコミュニティレベルのまちづくりと異なり、大規模な工場跡地を対象とした土地利用転換であった。従来、このような大規模再開発計画は、地権者、開発事業者と行政で計画をつくり、権利調整を終え、都市計画の手続き段階で計画内容を公表し、法制度に基づき粛々と手続きが進められることが通常であった。公表されるまでは周辺地域住民や市民は蚊帳のそとに置かれ、行政から議会への事業予算案の提出により、初めて膨大な公共投資が行われることを知ることになる。限られた時間ではあったが、市民自ら「気づき」を集め、「私たちの将来ビジョン」や「工場跡地のまちづくり提案」を取りまとめ、その提案をベースに「基本計画」が検討された事実は、市民が活動の視野を広げ、自らが高齢化・人口減少時代を見据え、生活の質や生活環境の維持・向上に、どうあるべきか向かい合い、市民力・地域力で改善の方向を導き出し、そのために必要な市民負担（市民税を通じた自主財源等の投資）を選択していく、地域志向のまちづくりに一歩近づいた取組みといえる。

この事例から学んだことは、第一は、大都市の経済力と潜在需要とは異なることを前提に、地方都市のまちづくりのあり方を地域資源や地域構造に求め、都市再生の方向性を多様な主体ごとに徹底議論し、その方向性のもとに、知恵と工夫により地域に適した制度を選定、重ね合わせ、独自の仕組みを構築した実践的まちづくりであったこと。第二は、「選ばれ続けるまち」を前提に、生活実感に基づく「気づき」を集め、地域の課題を地域の住民自ら解決していくことの大切さに気づき、市民と行政の協働で、相互の役割・責任のもとに連携して、地域コミュニティを豊かにする、生活環境を向上させる、主体的取組みを進めてきたこと。そして、なによりも時代の移行期にあり、スピード感を持ち続け、短期間に都市再生を実現させたことで、事業リスクを最小限に止める事を可能とした、パートナーシップ方式を具体化したことといえる。

7　低成長・成熟化時代のまちづくりのあり方

都市を捉えるパラダイム

低成長・成熟化時代においては、「成長・拡大」を尺度とする流れそのものが、徐々に背景に退き、並行して地域資源、地域の固有性、文化・風土等多様な個性が再認識され、新たな価値観が醸成されてくる。従って、まちづくりのあり方も「都市化・国際化」から「地域化」志向のまちづくり（地域コミュニティを豊かにするまちづくり）へと変化せざるを得ない。

現在の社会経済状況が続き、人口減少と高齢者の増加、逼迫する自治体財政等のいくつかの仮定を置き、低成長・成熟化時代の都市のパラダイムを設定する。

拡大・拡散した市街地の視点から、

①高齢化・人口減少は拡大・拡散してきた市街地（郊外住宅地や中心市街地）の空洞化を招く。すなわち経済活動の利便性を重視してつくられてきた、まちづくりのあり方そのものが根本的な見直しが迫られる。

②社会資本（社会インフラと公共施設）の最適化、人口減少による過疎地域の出現などの現象により、社会資本の維持管理問題と老朽化に伴う機能更新（高度経済成長期に築造さ

れた社会資本の物理的、社会的寿命）にあたり、身の丈に合った量や規模、機能・用途転換のあり方が迫られる。

③高齢化による空き家の増加が社会問題になることが予測される（富士通総研の空き家率の将来展望によると二〇〇八年度の空き家率が一三・一％で、二〇年後には二五％にとの予測）。持ち家を前提とした新規住宅供給を政策的に奨励しながら、他方で空き家増加への対応を迫られる、矛盾した状況に対して、住宅政策の抜本的な改善が迫られる。

自治体経営の視点から、

①自治体は、生産年齢人口の減少、産業構造の転換による税収の低下、人口動態の変化による扶助費の増加、社会インフラの劣化への再投資の必要性など、税収は減少しつつもニーズは増加するという、矛盾した課題に挑戦することが迫られる（＝横並び意識からの脱却）。

②低成長・成熟化時代には経済成長を前提としない問題解決を目指さなければならない。

③低成長・成熟化時代であっても、市民の豊かさ幸福度を追求していくためには、経済面を無視するわけにはいかない。大都市、地方都市では経済環境が異なるが、基本的視点として地域内で経済が循環する仕組みを構築することが必要となる。そのためには、生産のコミュニティと生活のコミュニティの融合、経済が本来持っていた相互扶助的な側面の再評価から地域経済のあり方を追求する。

地域コミュニティ、地域経営の視点から、

①地域の課題は地域住民自らが解決していくことが求められる。そのためには、自治体は、住民と行政の効果的な協働や連携を実現するために、分権時代を見据えた地域内分権（地域の課題は地域住民自らが解決していく住民自治の仕組み）を構築する必要がある。

②地域志向のまちづくりを地域資源（人的資本・自然資本・人工資本・社会関係資本）を活用し、地域コミュニティの醸成を通じて実現していく時代となる。

③「カイシャ」と「核家族」というコミュニティから、低成長・成熟化時代は「個人の独立性」が強く働く、つながりのコミュニティへと変化し、「地域」というコミュニティが重要なものとなる。

このような、低成長・成熟化時代の都市を捉えるパラダイムに基づき、これからの都市の計画、まちづくりあり方を考える必要がある。

都市の計画・まちづくりのあり方

全国の市町村一七一九のうち、人口規模七万五〇〇〇人未満の市町村は一三五〇で全体の七八・五％（二〇一二年四月一日時点の都道府県別市町村数・人口規模をもとに筆者が整理）を占め、政令指定都市、中核都市等の財政基盤や経済力のある大規模自治体はごく少数なのが現状である。

都市の潜在的な競争力を人口増減率・GDP・企業集積・国際化・財政規模等によって考察すると、東京や大阪・名古屋・福岡等の大都市が国際競争力を確保するための都市力が高い都市といえる。地方圏の札幌・仙台・広島等の中枢都市は、人口や企業の集積を図るために、地方圏内から限られた資源を周辺都市から引き寄せる都市間競争力が高い都市といえる。しかし、このような総合的な競争力・経済力を前提とした都市の成長・発展を標榜できるのは、いくつかの大都市や地方圏の中枢都市のみである。このような現実を直視すれば他の中小都市は、横並び意識でいくら成長戦略を描いても、所詮無理が生じるのが現実である。

行財政基盤の強化の旗のもと、平成の大合併を通じて、一九九九年に三二三二あった自治体が二〇一〇年には一七二七にまで減少した。市町村合併により岐阜県高山市のように東京都よりも面積が大きな自治体が出現した。いずれの自治体も過疎地域を抱え、中心市街地空洞化、量・規模が拡大した社会資本の適正化、産業構造の変化による景気低迷などの地域課題を抱えている。これからの時代、大切なことは、地域資源に裏打ちされた独自の地域戦略や文化的にも様々な「強み」「楽しみ」「個性」を発揮する、小さくてもきらりと光る、質の高い都市づくりを目指すことである。そして、地域内で再生産が繰り返され疲弊しない循環型経済の仕組みをつくり、地域住民が生活実感として真の豊かさや幸福度を実感でき、自立と持続性を備え生き残っていくことがひとつの方向性と考えられる。

低成長・成熟化時代の都市のパラダイムを前提に、このような視点を踏まえ都市の計画をどう変えるか、まちづくりのあり方をどう考えるかについて、一つの「提案」を試みる。

ひとつは、都市の計画のあり方として、拡大・拡散した市街地をどう変えるかの視点である。

①人口の伸び以上に拡大された市街地のあり方である。大都市圏の郊外都市、地方圏の中枢都市・中核都市では経済成長期に、人口の伸び以上に市街地面積は拡大しており、県庁所在都市では、一九六〇年と二〇一〇年を比較すると約三・六倍、人口一〇万人程度の都市でも一九六〇年と二〇一〇年を比較すると約三・三倍になっている。このことは、低密な土地利用と土地利用なされていない未利用地や空地が多く存在していることを意味し、拡大した市街地で人口減少、高齢者の増加により、今後更に空き地や未利用地が増加し、住民が点在して居住することが想定される。また、拡大した市街地の社会インフラの量・規模のあり方も含め都市計画区域（計画的にまちづくりを行う区域）内の市街化区域と道路・公園・下水道等の都市計画施設の最適化、つまり「量」「規模」「区域」の見直しによる持続可能な都市経営を実現することが求められる。

②戦略的な生活文化拠点の形成である。自治体の規模を問わず、文化ホール・図書館・体育館・博物館・美術館・競技場等の箱物施設を所有し、物理的寿命、社会的寿命の課題を抱え

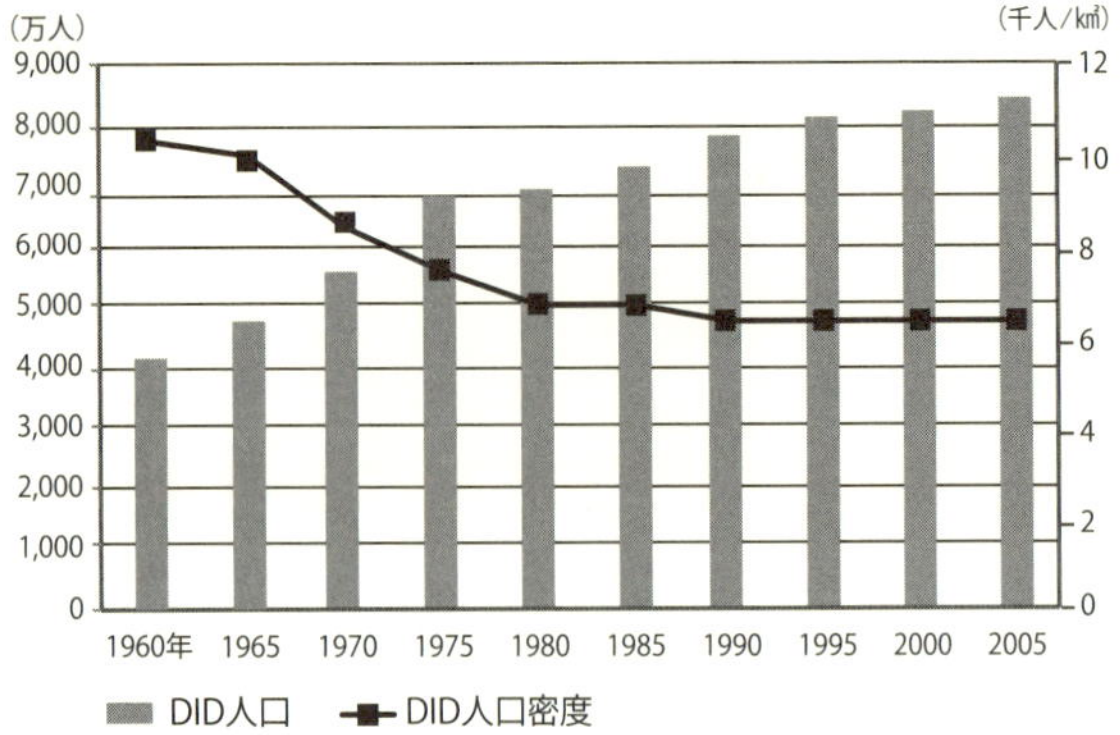

図 22　人口集中地区（DID）の人口規模・密度の推移　国土交通省ホームページより作成

ている。他方、総合病院、大学等の教育施設等が広域都市圏域内に配置されている。交通ネットワークを勘案し、適切な圏域設定を前提に行政の区域を越え広域都市間連携により、機能や役割を見直し、再編を図ることで生活文化を提供する牽引役としての拠点を何か所か形成し、拠点間をネットワークでつなぎ、多様な機能と顔を持つ連携型都市へと再構築をはかることで、経営資源の集中と選択による都市経営の効率化を図る必要がある。

③郊外住宅地を住み続けるまちにするための課題である。経済成長期においても住宅地の生活環境の維持・向上の施策は住環境の規制・誘導や自主ルールの制定が主流であった。特に、郊外住宅地は中心市街地（商業地も含み形成）と異なり、実体経済の仕組みに乗りにくく、公共投資、民間活力が入りにくい領域であった。これからの時代、地域

と向き合う時間が多い世代は高齢者と子ども世代である。これらの世代が住み続けられる、人にやさしい生活環境の維持・向上を図るために、社会ストックを活用した、住み慣れた地域で暮らしていけるネットワークづくりが必要となる。

次に地域志向を前提にまちづくりのあり方をどう変えるかの視点である。

①右肩上がりの時代に計画された都市再生、再開発事業の課題である。筆者は、バブル経済崩壊後の湘南なぎさプランによる「湘南なぎさシティー事業」を一部中止、見直しを首長に進言し、事業計画を廃止・見直した経験がある。その時は、関係者からの様々なバッシングがあったが、結果として間違いを起こさずに、公費投入を最小限に止め、より良い自然環境形成を図ることができた。従来から行政は一度決めた都市計画や事業計画を見直す、縮小する、廃止することは、責任問題に直結する問題となることからタブー視され、絶対にあってはならないこととしてきた。先述したとおり、地域活性化を名目に行政主導の無駄な開発、成功しえない開発が連鎖的に行われれば、投じられた公費は市民の負担になる。自治体が身の丈に合った事業へ変えていくためには、国の制度、議会、関係者等との調整すべき課題はあるが、人口減少、市場縮小時代であるからこそ負の連鎖を止める見直しが求められる。

②パートナーシップによるまちづくりの仕組みへの転換である。地域構造、地域資源を重

視し、地域の価値を増幅させ、個性と独自性に立脚したまちづくりが必要になっている。そのためには従来の画一的な制度に都市の課題をあてはめ解決するのではなく、地域課題を解決するためには、地域の実体経済、需要と供給のバランスを直視し、大規模資本や投資を呼び込むことに奔走するのではなく、地域力の創出を前提に地域に適した制度・仕組みを選択、独自のシステムを構築し、地域活力創出型、機能修復・修繕型、社会資本利活用型、コミュニティ再生型などの実践型まちづくり手法を編み出す時代である。

③選ばれ続けるまちにすることである。生活環境を維持向上させ、地域資源に磨きをかけ、個性と独創性溢れるまちにするためには、生産のコミュニティと生活のコミュニティの融合により地域内経済の循環を図る仕組みづくりが重要となる。

④地域の課題は地域が解決していくためのエリアマネジメントの実現である。拡大・成長都市の時代から低成長・成熟化都市の時代への移行に伴い、従来の都市づくりの中心が開発と流入人口収容であった時代から、エリアマネジメント（管理運営）を中心に据えた、地権者、事業者、市民が協働による仕組みづくりである。住宅地においても、地域の課題を地域住民が解決していくために、生活環境の維持管理の仕組みづくりを通して、地域コミュニティを醸成していくマネジメントの実現である。

⑤地域化志向のまちづくりへの転換である。拡大・成長都市の時代は、地方から大都市へ人

口が移動し、都市生活では「カイシャ」と「家庭」中心とした生活であり、「地域からの離陸」の時代であるとするとすれば、低成長・成熟化時代は、子どもと高齢者が地域で過ごす時間が多くなり、地域の中で豊かな生活を目指す「地域への着陸」の時代といえる。コミュニティを単位とした身近なまちづくりとして、生活環境を維持向上させ、住み続けるまちにしていくためには、地域の課題を地域住民自らが解決してく活動が重要となる。そのためには住民協働を進めて行くための仕組みづくりが求められる。

そして社会ストックをどう有効活用するかの視点である。

①社会ストックの有効活用である。拡大都市の時代につくられた公と民所有の社会資本が都市の社会ストックとして存在している。物理的寿命に達していないが、社会的寿命による余剰施設や利用されていない空き家等である。権利問題として所有と利用の分離問題、公共財産の運用の問題が内在しているが、利用可能なストックを有効活用するシステムの構築により、地域課題やニーズの解決、外部不経済化させない施策展開が求められる。

②社会ストックを活用する技術やシステムである。新たな時代が求めるニーズに対応して用途や利用方法、使い方を変えて、建築物等を使い続ける、使いまわすためには、例えば、建物の減築手法（建物を改築する前に面積を減らすこと）、コンバージョン手法（建物の用途を変えること）、省エネ・小インフラの技術開発が期待される。また、利用目的が消

滅した小中学校、地域施設を市民団体や企業が有効活用できる仕組みの構築、空き家や中古住宅を活用した住宅市場の形成や住み替えシステムの構築など、社会ストックを動かす仕組みづくりが求められる。

③人々の関係性やつながりを生み出す「場」のチカラの醸成である。いま地域は低成長・成熟化都市の時代への移行に伴い、挑戦すべく多くの社会課題を抱えている。市街地の空洞化、産業構造の転換、雇用の不安定化、環境の持続性、地域の魅力度向上など様々である。様々な社会課題は突き詰めれば「人のつながりや絆の課題」であり、その解決には人と人とのつながりをいかに変えていくか、活性化するかが重要となる。既成市街地には多くの社会ストックが眠っており、利用されていないものも数多い。そこで既存施設や利用されていない社会ストックを活用して、交流・活動・時間を過ごす「コミュニケーション装置」に変えることで「地域を変える」チカラになる。

最後に住みやすい都市を実現するために何をすべきかの視点である。これからの私たちの社会のあり方を考える基本として自分たちが自由に生きられるライフスタイルの存在である。つまりどのライフスタイルが良いかを自分で自由に選択できる都市が一番良い都市といえる。そのためには多様なライフスタイルを可能にする都市をつくっていく、地域経済をよくしていくことが最大のポイントになる。

先に述べたように、市町村一七一九のうち、人口規模七万五〇〇〇人未満の自治体は七八・五％も占めている。自治体の財政力、地域の経済力には自ずと違いがある。低成長・成熟化時代のまちづくりのあり方を考えるうえで、分権時代に相応しい、自治体経営の戦略と羅針盤を持ち、自立と持続性をも持ち合わせた自治体経営が必要ということである。自治体経営の改革が進まない理由として、拡大・成長都市から縮小都市への移行に伴う将来の最悪展望を読み誤り、経済成長期の成功体験からの脱却ができず、社会経済の変化に対する自治体経営判断の遅れや先延ばしがひとつの要因と想定される。自治体自らが社会経済の大きな転換点にきていることに目をそむけずに直視し、自治体経営を破綻させないという方針のもと、都市を見る価値観を転換し、試行錯誤の中から独自の自治体経営の仕組みを編み出していくことである。

今後、低成長・成熟化時代のまちづくりのあり方については、行政関係者や研究者などにより、実践的まちづくり論として研究されることを期待したい。

（長瀬光市）

【参考文献】
上山信一監修・玉村雅敏副監修・千田敏樹編著『住民幸福度に基づく都市の実力評価』時事通信出版局　二〇一二年
玉村雅敏編著『地域を変えるミュージアム』英治出版　二〇一三年
井上正良・長瀬光市共著『人を呼び込むまちづくり』ぎょうせい　二〇一三年

あとがき

見果てぬ夢

関東特殊製鋼の撤退が決まり、辻堂駅周辺地区の再整備を企画しなければならないことが明らかになった時、私の脳裏に先ず浮かんだのが、関東特殊製鋼の巨大な工場を活用したリノベーション型（機能転換による大規模改修）の再開発が出来ないか、ということだった。昭和の時代を通して七十年余りこの地に根付いた企業活動を地域の歴史として記憶していくために、街の記憶装置として工場の建屋を活用して新しい街を創ってみたい、そう思って閉鎖した工場を見せてもらった。圧延鋼板を作るための鍛鋼製焼入ロールを造る工場は、巾約二五～三〇ｍ、長さ約五〇ｍ、高さ約一五～二〇ｍの鉄骨造の建屋が幾つも連続して並び、石綿スレート板の外装こそ粗末だが、ホイストクレーンが縦横に走る丈の高い内部の大空間は壮観であった。この構造を生かしながら、外装を内部の様子が窺えるガラス張りのモダンなものにし、内部は何層かの床を張って、商業サービス、業務、公共公益サービス等の機能を複合的に配置し、吹き抜けを通してそれらの機能がお互いに連携し合う都市空間を創れるのではないか、と夢想した。三十数年前に訪れたバンクーバーの港の工場群をリノベーションしたグランヴィルアイランド

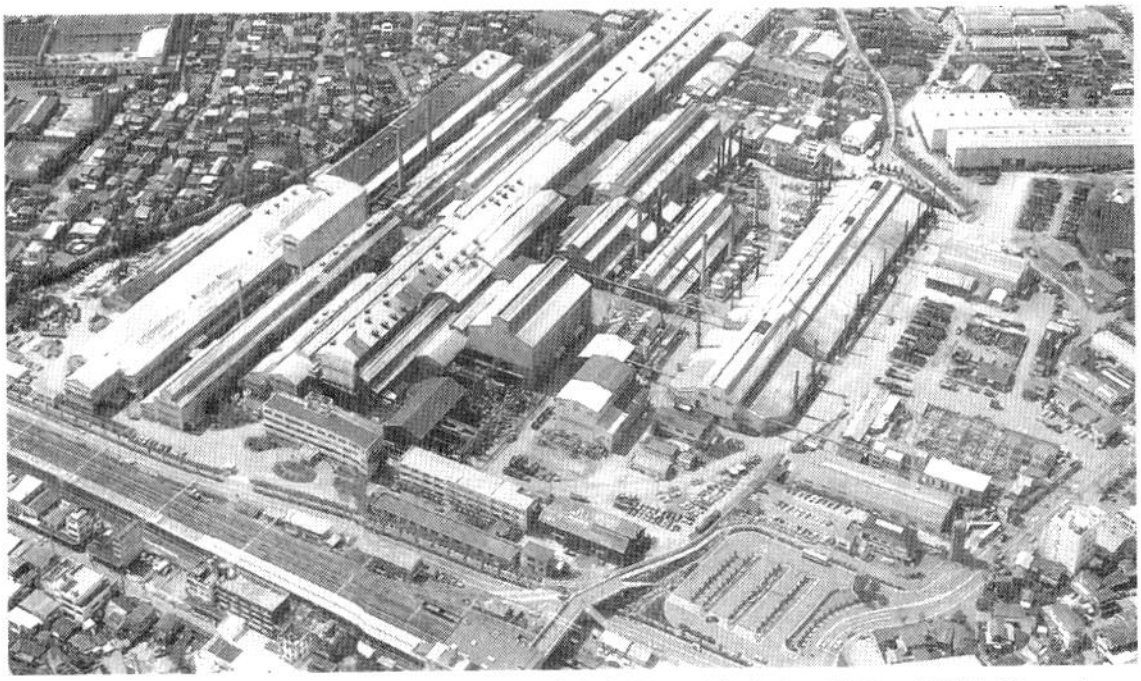

都市再生事業前の関東特殊製鋼工場全景　長大な平屋の建物がいくつも並び内部空間も壮観だった

の再開発やドイツＩＢＡエムシャーパークの炭鉱・製鉄施設群を活用した地域再生など、欧米の活発なリノベーションが頭にあった。

しかし、建屋群はアッという間に壊されてしまった。長年の操業で敷地の土壌汚染が進み、除染しないと土地利用転換できないから、とのことで私の夢想はあっけなく消えてしまった。日本でも、工場や倉庫等のリノベーションは倉敷アイビースクエアや横浜の赤煉瓦倉庫など幾つもあるが、レンガというノスタルジックでロマンチックな素材が保存活用の合意形成の要素の一つになっているように思える。どこにでもある鉄骨石綿スレート張りの工場建屋は保存すべき対象とは見られていない。ただ、もしこんなリノベーションが実現していたなら、それはそれで湘南C-Xは違う評価を受けていたのではないか、と今でも思うのである。

（菅　孝能）

持続可能な地域を目指して

筆者達は、一人は藤沢市の職員・行政プランナー、片や民間プランナー・都市デザイナーとして、役割を分担・補完しながら、専門家、行政職員、地権者企業、市民有志等と連携・協働して九年間、試行錯誤を繰り返しながら、湘南C-Xのまちづくりに関わってきた。

本書では、地方都市の駅前に出現した東京ドーム一九個分の広大な工場跡地の土地利用転換にあたり、経済成長時代から成熟化時代への移行期の状況下で、都市を見る価値観やパートナーシップによるまちづくりの視点から、計画のプロセスに沿って、将来の最悪の展望図を描き、課題解決の方向性やあるべき計画の姿を描き、その計画を具体化するためにパートナーシップの手法等を駆使し、どのように目標のまちに近づけていったか、事例をもとに湘南C-X物語として整理を試みた。なぜならば、読者の皆様に、市民生活と都市のあり方の関係でまちがどのように変わり、市民の生活環境がより良い方向にいかに変化してきたかなど、まちづくりを身近なものとして実感していただき、地域のまちづくりに大いに関心を持っていただきたいとの思いからである。果たして、読者の皆様に伝わったであろうか？

執筆中に、興味を引く出来事が二つあった。一つは、自動車の街、アメリカ・デトロイトが、負債総額一八〇億ドル（一兆八〇〇〇億円）持って、米連邦破綻法第九条を申請し、二〇一三年七月十八日に破綻した。原因は異なるけれど、高齢化と人口減少が進む中で、年金制度や健康保険制度に問題が生じている日本にとっても、対岸の火事とは思えない出来事であった。もう一つは、平成の大合併で誕生した自治体への政府の「合併自治体加算」の存続方針である。合併から最長で十年間、旧市町村ごとに加算した交付税の合計との差額を上乗せされてきた。合併の目的は規模効果を活かした行財政の効率化だが、期待した行政のスリム化は進まず、老朽化した社会資本の維持管理費や人口減少や衰退を防ぐための新たな財政需要が生じている。この二つの出来事は、低成長・成熟化時代の都市のあり方を追求するキーワードである「自治体の自立」と「持続可能な地域」を考えるうえで象徴的事象であった。

低成長・成熟化時代にあって最も大切なこと、それは私たちが培ってきた地域資源や社会インフラを活用して、地域価値を増幅させ市民が願う真の豊かさや幸福度の実現、持続可能な地域と自治体の自立を目指すことであると筆者は考えている。経済成長期の成功体験や考え方の枠組みの中で、あるいはその延長線で物事を考える限り、課題解決の糸口を見つけ出すことは困難を伴うとしか考えられない。

これからは「地域化」と「多様なライフスタイルが可能な都市」の時代である。自治体は、横並び意識を改め、行政サービスの低下を防ぎつつ行政経営の生産性を高め、分権化に相応しい地方政府の実現が求められる。一方、市民は地域や都市にもっと関心を持ち、生活環境を維持・

向上させるために、地域の課題は、地域の住民自らが問題解決していく住民自治の充実と地域の生産性を高めること。自治体を破綻させないために自治体の経営に監視の目を光らせ、市民と行政の協働を実現していく絶好の機会と捉えるべきではないだろうか。そして、自由なライフスタイルを選択できる魅力ある都市を追求していくことが重要となる。

いずれにしても、都市のあり方を新たな方向に導こうとすると、行政に対して、様々な既得権益を享受している人たちからの抵抗や行政組織内部では、目先の利益、前例主義に目が奪われ、意思決定の遅れ、先延ばしによりチャンスや機会を逃すことがこれまで以上に生じることが想定される。これからの時代、行政任せでは「コト」は動かない。どんな状態でも、自治体職員の意欲と知恵、市民のまちを愛する心を持って当たれば、良いまちはできるはずである。制度や仕組みを変えただけでは「コト」は動かない。地域に愛着を持つ「ヒト」が動くことで、「コト」が動くことを忘れてはならない。

この本を上梓するにあたり、筆者達の取材やヒアリングを寛容に受け止めていただいた関係者の皆様や資料提供をいただいた藤沢市職員の皆様、図版作成の協力、写真の提供をいただいた稲葉佳之さんに心より謝辞を申し上げる。

（長瀬光市）

湘南C-X《シークロス》物語——新しいまちづくりの試み

平成二十六年六月三十日　第一刷発行

著者　菅　孝能・長瀬光市

発行者——松信　裕
発行所——株式会社　有隣堂
本　社　横浜市中区伊勢佐木町一—四—一　郵便番号二三一—八六二三
出版部　横浜市戸塚区品濃町八八一—一六　郵便番号二四四—八五八五
電話〇四五—八二五—五五六三
印刷——図書印刷株式会社

ISBN978-4-89660-216-6 C0236

定価はカバーに表示してあります。
落丁・乱丁はお取り替えいたします。

デザイン原案＝村上善男

有隣新書刊行のことば

国土がせまく人口の多いわが国においては、近来、交通、情報伝達手段がめざましく発達したためもあって、地方の人々の中央志向の傾向がますます強まっている。その結果、特色ある地方文化は、急速に浸蝕され、文化の均質化がいちじるしく進みつつある。その及ぶところ、生活意識、生活様式のみにとどまらず、政治、経済、社会、文化などのすべての分野で中央集権化が進み、生活の基盤であるはずの地域社会における連帯感が日に日に薄れ、孤独感が深まって行く。われわれは、このような状況のもとでこそ、社会の基礎的単位であるコミュニティの果たすべき役割を再認識するとともに、豊かで多様性に富む地方文化の維持発展に努めたいと思う。

古来の相模、武蔵の地を占める神奈川県は、中世にあっては、鎌倉が幕府政治の中心地となり、近代においては、横浜が開港場として西洋文化の窓口となるなど、日本史の流れの中でかずかずのスポットライトを浴びた。

有隣新書は、これらの個々の歴史的事象や、人間と自然とのかかわり合い、ときには、現代の地域社会が直面しつつある諸問題をとりあげながらも、広く全国的視野、普遍的観点から、時流におもねることなく地道に考え直し、人知の新しい地平線を望もうとする読者に日々の糧を贈ることを目的として企画された。

古人も言った、「徳は孤ならず必ず隣有り」と。有隣堂の社名は、この聖賢の言葉に由来する。われわれは、著者と読者の間に新しい知的チャンネルの生まれることを信じて、この辞句を冠した新書を刊行する。

一九七六年七月十日

有　隣　堂